中等职业教育素质教育课教材

新时代工匠精神

主编　李铁光　刘建阳

天津大学出版社
TIANJIN UNIVERSITY PRESS

内容简介

本书紧跟时代和国家政策需要，阐述了工匠精神的含义、渊源、价值、本质、作用，以及如何培养与践行工匠精神。全书共分为五个单元：追本溯源——何为工匠精神；返璞归真——工匠精神的本质；传世典范——解读工匠之道；巧手慧心——工匠的自我修养；家国情怀——匠心成就未来。

本书可作为各类院校学生的德育读物，也可供相关爱好者学习阅读。

图书在版编目（CIP）数据

新时代工匠精神 / 李铁光，刘建阳主编 . -- 天津：天津大学出版社，2024. 8. --（中等职业教育素质教育课教材）. -- ISBN 978-7-5618-7802-6

Ⅰ . B822.9

中国国家版本馆 CIP 数据核字第 2024AZ9353 号

新时代工匠精神

XINSHIDAI GONGJIANG JINGSHEN

出版发行　天津大学出版社
地　　址　天津市卫津路 92 号天津大学内（邮编：300072）
电　　话　发行部：022-27403647　邮购部：022-27402742
网　　址　www.tjupress.com.cn
印　　刷　河北鑫彩博图印刷有限公司
经　　销　全国各地新华书店
尺　　寸　787 mm×1 092 mm　1/16
印　　张　10
字　　数　207 千字
版　　次　2024 年 8 月第 1 版
印　　次　2024 年 8 月第 1 次
定　　价　35.00 元

编委会成员

主　编　李铁光　刘建阳

副主编　陈晓丹　刘　月

参　编　戴俊鹏

前言

PREFACE

党的二十大报告强调，要深入实施人才强国战略，努力培养更多大国工匠、高技能人才。工匠精神强调精湛的技能和专业素养，对于培养技术工人和专业人才具有积极的影响。

《新时代工匠精神》作为专门探索和传承工匠精神的读物，旨在向读者介绍工匠精神的内涵与实践，希望能激发读者对工匠精神的兴趣，培养对卓越和品质的追求，引导读者无论从事哪个行业，都能以工匠的心态和标准去对待工作，发挥出最好的水平。希望本书成为读者在新时代实践工匠精神、追求卓越的起点和指引。

本书共分为五个单元：追本溯源——何为工匠精神；返璞归真——工匠精神的本质；传世典范——解读工匠之道；巧手慧心——工匠的自我修养；家国情怀——匠心成就未来。本书阐述了工匠精神的含义、渊源、价值、本质、作用，以及如何培养与践行工匠精神。在讲解内容的同时，辅以相关案例和图片，具有很强的说服力和趣味性。

本书具有如下编写特色。

1. 系统性和全面性

本书不仅介绍了工匠精神背后的核心观念，还提供了一系列实用的方法和技巧，帮助读者培养和实践工匠精神。不同行业的专家和从业者的经验分享，进一步丰富了本书的内容，使其成为一本具有多维度视角的工匠精神学习指南。

2. 思政融入

为深入贯彻党的二十大精神，执行人才发展战略，配合我国产业结构的升级转型，满足企业对具有高尚的道德素质和政治修养的技能型人才的需求，在编写过程中特将思政教育融入课程教学之中。

3. 注重理论与实践的结合

引导读者通过实际操作来培养工匠精神。每单元均设有学习目标、思政目标、知识拓展、阅读思考、任务实践、实践评价等小模块，以体现“做中学”“学中做”的教学理念，使内容贴近实际运用，有助于学生工作后更快适应工作岗位。

本书可作为各类院校学生的德育读物，也可供相关爱好者学习阅读。由于时间和作者水平所限，书中难免有疏漏和不足之处，恳请广大读者批评指正。

目录

CONTENTS

第一单元　追本溯源——何为工匠精神 ……… 1

第一节　工匠精神的含义 …… 3

第二节　工匠精神的渊源 …… 5

第三节　工匠精神的价值 …… 9

第二单元　返璞归真——工匠精神的本质 …… 23

第一节　由心而始，力行正道 …… 25

第二节　踏实努力，谦虚低调 …… 28

第三节　专于其中，方成极致 …… 33

第四节　勇于负责，责任至上 …… 36

第三单元　传世典范——解读工匠之道 ……… 45

第一节　做人与做事 …… 47

第二节　专注与专业 …… 56

第三节　细节铸就传奇 …… 62

第四节　功到自然成 …… 70

第五节　忠诚与能力 …… 76

第六节　坐得住冷板凳 …… 80

第七节　挑战不可能 …… 87

第八节　独辟蹊径 …… 91

目录 CONTENTS

第四单元　巧手慧心——工匠的自我修养 …… 107

第一节　心态决定一切 …… 109

第二节　爱上你的工作 …… 116

第三节　正确处理人际关系 …… 119

第四节　财富与人生 …… 128

第五单元　家国情怀——匠心成就未来 …… 133

第一节　小工匠与大梦想 …… 135

第二节　技能强国 …… 139

第三节　大国工匠 …… 142

参考文献 …… 151

第一单元

追本溯源——何为工匠精神

【单元导读】

工匠精神是一种注重专业技能、追求卓越、精益求精的工作态度和价值观。它强调对工作的热爱、责任心和自我驱动力，追求完美和卓越的目标。

【学习目标】

◎ 知识目标

（1）了解工匠精神的内涵。

（2）了解工匠精神的渊源。

（3）了解工匠精神的价值。

◎ 素质目标

（1）培养责任感，以高度的责任心对待工作，勇于承担责任。

（2）培养自我驱动力，自觉学习和提高专业技能水平。

（3）培养团队合作意识，与他人协作共同完成工作任务。

（4）培养创新意识，勇于尝试、改进和创新。

【思政目标】

（1）提高职业道德水平，培养诚实、正直、公正的工作态度和行为准则。

（2）增强社会责任感，关注社会问题，参与社会公益活动，为社会做出积极贡献。

（3）培养批判思维，对工作中的问题进行深入思考和分析，寻找解决问题的方法和策略。

（4）培养公民意识，了解和尊重国家、法律和民族文化，维护社会稳定与和谐。

第一节　工匠精神的含义

人生在勤，勤则不匮。人类是劳动创造的，社会也是劳动创造的。可称为“工匠”者，多是在劳动中精益求精者、勤勉不懈者。工匠，既是称谓，也是赞誉。

依天工而开物，观物象而抒臆，法自然以为师，毕纤毫而传神——工匠做事，有板有眼，一丝不苟，求真唯美。这样，工匠就不再只是对工作身份的称谓，而更多的是体现出一种特有的态度。态度，在经年累月的打磨之下，又会成为精神。

什么是“工匠精神”呢？有人认为，工匠精神是吃苦耐劳、谦虚谨慎、细致认真……实际上，工匠精神代表的是一个时代的气质，是一种精益求精、在坚守中不断创新的文化精髓。现在，业界对工匠精神并没有统一的定义，但大部分人都认同工匠精神具有以下四层含义。

一、实事求是

工匠精神是一种踏实、坚定、实事求是的精神。

秦始皇陵兵马俑被誉为“世界第八大奇迹”，但刚出土的时候，它们并不像我们现在看到的那样气势恢宏，更多的是满目疮痍，多呈倒伏状，破损十分严重。当时，如何让这个碎片化的文化奇迹完整地挺立起来，成了一个巨大的难题。

由于年代久远，兵马俑陶片表面非常脆弱，修复人员用刮刀清理的时候，既要刮净泥土，又要保证文物的完好，走刀的分寸拿捏得极为较劲。马宇是最早接触这项工作的成员之一，为了练就这项技艺，在修复兵马俑之前，他花了两年时间，在仿制的陶片上用手术刀不停地练习手感；走了成千上万刀，才把握住毫厘之间的分寸。在拼接兵马俑的过程中，只要有一块陶片的位置出现错误，那么整个拼接过程就必须重来。而拼接难度最大的是那些体积小、图案少的陶片。有时候，马宇需要琢磨十多天，反复预演数十次甚至上百次，才能使一片陶片回归到最准确的位置。

这种踏实、实事求是的精神，使得两千多年前的雕塑品在马宇手中获得了第二次艺术生命。

（资料来源：纪录片《大国工匠》解说词，有删改）

二、精益求精

《论语·学而》中，子贡说：“《诗》云：‘如切如磋，如琢如磨。’其斯之谓与？”宋朝著名思想家、哲学家朱熹批注说：“言治骨角者，既切之而复磋之；治玉石者，既琢之而复磨之，治之已精，而益求其精也。”

精益求精的精神，古已有之，但伴随着“商人模式”和“利益模式”在世界范围内的疯狂开启，这种最质朴、最基础的精神却逐渐被人忽视。虽然精益求精的精神在短时间内的确不能给人带来最大的利益，但创业者们也应明白，一项事业真正成功的标志不是赚了多少钱，也不是企业“出了多少风头”，而是企业能真正地在波澜起伏的商海中站稳脚跟，存活下去。

三、不断创新

创新是工匠精神的灵魂。创新是在不断重复、精益求精中产生的。烦琐复杂的工作是培育创新的土壤，追求完美是助推创新的动力。工匠精神既需要简单的重复与坚守，又需要持续的改进与创新。

“圈钱—做死某款产品—出新品—再圈钱”这样“短、平、快”的模式或许诱惑力很大，但对一个有着工匠精神，也愿意以工匠精神为文化的企业来说却是歧途。

一个工匠型的企业专注的不是博，不是多，而是专一。就像某老牌佐料名企，几百年来一直都在做酱油，从来没开发过新产品，但其酱油却在企业数代人的努力下不断地升华、不断地改变，顺应时代，接近完美。

说到这里，很多人大概会问，产品的升华和创新有什么关系？产品的每一次升华、每一个改变、每一次雕琢实际上都是创新的过程；没有创新，就不会有改变。工匠是匠人，也是创造师。在他们眼中，源源不断的新点子、新创意就是雕琢产品最好的工具。

真正的工匠精神，渴求“富创意、有创见、敢创新”的匠人。只有在“创”中，才能成就这样的匠人。“创”者，从仓从刀，敢于对既有知识仓库内的成果进行大刀阔斧的改造，这是新时代工匠精神的应有之义。

四、人技共进

工匠精神并非手工至尊，而是要人技共进。谈及工匠，我们首先会想到庖丁解牛、佝偻承蜩等典故。但这只是传统的“手工匠”精神，现代化的工匠精神需要手工技艺与现代科技的有机融合。小至一块手表，大至波音飞机，都是传统手工和现代机械技术相得益彰的结晶。

总而言之，工匠精神不是一个响亮的宣传口号，也不是一个引人注目的噱头，而是一种精神、一种信仰。只有具备了实事求是、精益求精、不断创新、人技共进的工匠精神，只有抱着“十年磨一剑”的耐心与决心，我们才能在这竞争激烈的新经济时代中，撑起一片属于自己的蓝天。

阅读思考

1. 通过本节内容的学习，你对工匠精神有了怎样的理解？
2. 寻找身边的真人真事，用他们的例子说明工匠精神的内涵。

第二节　工匠精神的渊源

一、中国传统文化中的工匠精神

在中国文化里，工匠最早是从农业生产中分离出来的，指的是专门从事手工业生产的匠人或手艺人，如木匠、瓦匠、铁匠、石匠、玉匠、皮匠、裁缝等。他们依靠熟练的手工技艺制造出精湛的手工艺品，并以此作为谋生的手段。工匠在对制造品精雕细琢和技艺提升的过程中，领悟“道”的真谛。然后，将自己的技、艺、道通过师徒关系或者亲子关系传承下去，使其得以延续和发展。工匠精神在中国传统文化中，包含高超的职业技能和对产品精益求精、追求卓越的职业态度，是“道技合一”的职业追求及尊师重教的传承。

从职业技能层面看，工匠们拥有某一特定技艺或专门技能，追求技艺之“巧”。《说文解字》有云：“工，巧饰也。”《荀子·荣辱》有云：“百工以巧尽械器。”由此看来，“巧”是从事手工业生产和器械制造活动应具备的能力。工必尚“巧”，有高超的职业技能或技艺是对工匠基本职业素质的要求。

从职业态度层面来看，工匠们对产品精雕细琢，追求尽善尽美，追求产品之“精”。《诗经·卫风·淇奥》有云：“如切如磋，如琢如磨。”通过这两句简短的描述，我们能了解到古代的工匠在对玉石、骨器等进行切割、细刻、抛光时认真琢磨、一丝不苟的工作态度，能体会到他们对制造的产品力求精益求精、尽善尽美的敬业精神。工作中细致严谨，对产品精益求精，注重质量和品质，是工匠应具备的工作态度。

从职业追求层面来看，工匠们在对产品精雕细琢的过程中领悟真谛，并在悟“道”与得“道”的路上力求德艺兼修，以实现自身的职业理想和人生价值。《庄子·养生主》中记载：“庖丁为文惠君解牛，手之所触，肩之所倚，足之所履，膝之所踦，砉然向然，奏刀騞（huō）然，莫不中音。合于《桑林》之舞，乃中《经首》之会。”梁惠王对庖丁精湛的技艺赞不绝口，并问他技艺为何如此高超。庖丁答道：“臣之所好者道也，进乎技矣。”所谓“技可进乎道，艺可通乎神”，就是当某项技艺达到巅峰后，再进一步前进便接触到了“道”，即天地规律。工匠们善于利用自然道法来提升职业技能，并将所领悟的自然道法转变为人生态度，在力求技能水平上升的同时，不忘提高自身的道德修养。在德艺兼修的道路上实现职业理想和人生价值，“道技合一”是工匠应具备的职业追求。

从技艺的传承模式来看，言传身教的教学模式、尊师重教的师徒感情是工匠精神得以延续的保证。徒弟在师父的示范和指导下进行实际操作，实现技艺的传承，熟悉行业的规则，加强职业的道德修养，体会师父的为人处世、待人接物之道。在这个特殊的学习过程、工作方式和生活模式下，古代的工匠们对“师父”十分敬重。正所谓“一日为师，终身为父”，就体现了中国古代师徒制度中“尊师重教”的传统。正是靠着“尊师重教”的求学态度和尚“巧”的职业技能、求“精”的职业态度和重“道”的职业追求，工匠精神才能在时代的不断发展和变化中延续和传承下来。

二、“中国制造”中的工匠精神

国际分工与合作的深化，一方面造就了“中国制造”的新局面，另一方面也弘扬和发展了工匠精神。

2016 年，“工匠精神”首次被写入中国政府工作报告。报告强调，“努力改善产品和服务供给”，应抓好三个方面的工作重点，即“鼓励企业开展个性化定制、柔性化生产，培养精益求精的工匠精神，增品种、提品质、创品牌”。当前，社会各界普遍倡导工匠精神的回归，既体现了中国制造业在发展过程中的反思，也反映了“中国制造”向“中国智造”“中国精造”转变的决心和愿景。

同时，“新工匠精神”的概念应运而生。中国的“新工匠精神”，可以概括为“创造、匠品、修行、潜精研思”。具体特质体现在四个方面。一是“新工匠”的标识应更加醒目，创新的氛围应更加浓厚；二是超越个体劳动者及制造业的需要，拓展至每个行业；三是提倡工作是一种美好的修行，是追求极致的信仰；四是继承传统工匠们“专注、耐心、一丝不苟”的精神，并进一步将其升华为“潜精研思”。

在“中国制造 2025”的背景下，实现“互联网 +”制造业的融合与重构，不仅需要大批科学技术专家，也需要千千万万的能工巧匠。在新时代传承工匠精神，对推动我国企业转型升级和创新发展具有重要的理论与现实意义。

三、“中国制造”弘扬和传承工匠精神

1.“中国制造”弘扬和传承工匠精神，重点在于构建全方位、多层次的中小企业专业技能培养体系

工匠精神的养成和“中国智造”“中国精造”目标的实现，都离不开工匠人才的培养。应以工匠精神为指导，着力搭建企业、特别是中小企业人才的技能学习、训练平台，以技能竞赛、行业标兵等为抓手营造氛围，鼓励中小企业人才不断提升专业技能水平，提高业务素质，努力成为一流的技术人才；不断强化中小企业专业技能的工艺传承，推出精益求精、标准化设定等工艺品牌；加大对专业技能型人才的激励力度，建立培养专业技能型人才的“培养 + 考核”机制，构建全方位、多层次的中小企业专业技能培养体系。

2.“中国制造”弘扬和传承工匠精神，难点在于“新工匠”文化的培养和根植

工匠精神可分为两种。一种是小匠人精神，即把技艺作为安身立命之本；另一种是大工匠精神，即把对技能的钻研作为实现自我价值的途径。因此，企业对工匠的培养，应将工匠精神融入企业文化建设的过程中，将有形的物质激励和无形的精神引导有机结合在一起。倘若一家企业的领航者具备工匠精神，相信这家企业的员工也会被这样的气质所吸引和感召，这家企业的产品自然会因其独具匠心的特性而屹立于市场。

3. "中国制造"弘扬和传承工匠精神，目的是提质增效，助推我国由制造大国向制造强国转变

开启一个创新驱动的"中国智造""中国精造"新时代，既需要天马行空的"创造力"，也需要脚踏实地的"匠心"。工匠精神的核心是精益求精。无论是科技发展，还是社会进步，倡导极致的工匠精神，追求完美的工艺和质量，都是"中国制造"转型升级的推动力。把工匠精神融入生产、设计、服务、管理的每个环节中，"中国制造"才能真正实现由"量"到"质"的突破。

知识拓展

德国双轨制职业教育的意义

德国的双轨制职业教育系统是世界上最成功、最受认可的职业教育模式之一，主要包括企业和学校两条轨道。其中，企业轨道主要提供学徒培训，学校轨道则提供更多的职业技能教育和理论训练。这种职业教育模式被广泛认为具有重要的意义，以下是几个方面的总结。

1. 推动经济发展

双轨制职业教育对于德国的经济发展具有重要的推动作用。这样的教育模式有助于提高人们的技能与素质，增强人们的竞争力，使人们更好地适应经济发展和就业市场的需要。

2. 培养工匠精神

这种职业教育模式强调实践与理论相结合，以培养工匠精神为目标。通过徒弟制度和企业提供学徒培训，让学生在实际操作中获得丰富的经验和实际技能，提高他们的自我价值感和自信心。

3. 增加技能教育资源

双轨制职业教育模式使得学生能够接触到更多的技能教育资源，企业提供丰富的实践环境，学校提供更细致的理论教育，学生在两边的交织中获取多方面的知识和技能。

4. 切实提高就业率

接受了实际技能培训和系统理论教育的学生，在就业市场中具备了一定的竞争力，可以更快捷地找到合适的工作。德国的失业率较低，双轨制职业教育模式功不可没。

5. 增强国际竞争力

德国的双轨制职业教育模式也被许多其他国家所学习和效仿，为公司更好地适应全球化和国际化的趋势，提供了一种行之有效的方法，逐渐成为其他国家学习和建设的基础。

阅读思考

1. 你认为工匠的职业是怎样的？

2. 你如何理解古代工匠的工匠精神？在未来的学习和工作中，你将会如何把工匠精神发扬光大？

第三节　工匠精神的价值

一、中国当代工匠精神的要素

中国当代工匠精神由以下五个基本要素组成。

1. 匠心

“独具匠心”，是指人心思巧妙、设计独特。匠心即“巧妙的心思”。匠心一直与“技”和“巧”相关。这里的匠心则重点指向与个人心性、素养有关的工匠精神。匠人内在的谨慎、细致、求真、求精、尚美、善思、朴实、自尊、自强等个性特征，是其成就精致作品的根基。内心没有对完美、卓越的追求，也难有杰出的技艺和作品。

匠心强调完美、卓越，要耐住寂寞、守住本心，意志坚定地朝着目标前进。匠心强调专注、执着，要平心静气、心无旁骛地工作，悟出规律，找出办法。“深海钳工”第一人管延安追求卓越，精益求精，拧紧了一颗又一颗小小的螺丝钉。心灵手巧、善于思考的秉性，不轻易放弃的决心，求真求美的匠心，是工匠精神的基础，是匠人行动的动力。

2. 匠艺

工匠拥有高超的技艺、精湛的技术。精益求精、严谨、一丝不苟、耐心、专注、坚持、专业、敬业、淡泊名利是工匠精神的核心内涵。只有从业者技术技能水平得到提高，才会有产品和服务质量的提升，才能有品质和品位的保证。因此，工匠精神还要探析高超技艺的获取模式和路径。

工匠们精湛技艺的获得一部分是靠天赋，但更多的是靠后天的学习。他们或从小耳濡目染，或工作后用心研习，勤学苦练，日积月累，技艺日益精进。从未停止的学习和训练、密密麻麻的记录、下班后的思考，工匠们的劳动能力，不仅凝聚着个人的经验、感悟、探索和创造，也凝聚着前辈和所属部门的帮助。

行业不同，技术水平的评定指标也不同，但都是从作品精细度、准确度以及所节约的成本和从业者对特殊问题的处理能力等方面进行综合衡量。技术水平，一般通过社会技术等级来区别，分为初级、中级、高级，技师、高级技师等级别，通过理论知识考试和技术操作测试综合得出评价。技术的社会评价等级有顶级，但工匠们的技艺却没有极限。给火箭焊“心脏”的高凤林是我国发动机焊接的第一人。0.16 毫米是焊点的宽度，0.1 秒是完成焊接允许的时间误差。他 35 年给 130 多枚火箭发动机焊接关键点，都没有丝毫偏差。

与时俱进是工匠精神的另外一层内涵。当今，一些高危险、重复性强的工序和作业逐渐开始被机器替代，传统劳动岗位将面临全面来袭的自动化、信息化、智能化，对新材料、新工具、新标准、新工艺进行学习和调整也是大势所趋，拥有解决特殊问题能力的人才是国家的栋梁，是智能机器难以替代的。技术工人的施展空间主要集中在机器无法替代的领域，以大国工匠为代表的高技能人才，正是这个时代所需要的人才。

3. 匠品

匠品是受价值观左右的品德、品行、品质，即以怎样的“态度”来对待工作。态度影响行为，吊儿郎当的做事态度不可能成就精品；只占便宜、不吃亏的人，也不利于道德建设。人与人之间的智力差距微乎其微，而认真投入、坚持正确方向等非智力因素，对成功起着更加关键的作用。好的匠品至少包括以下四个要素。

（1）责任意识

负责的态度是一切良好行为的根基。我们不仅要对岗位和组织负责，而且要对客户和关系人负责，并主动承担一定的社会责任。

对组织负责就要热爱组织，极力维护组织的利益。现代工匠大多数都处于组织中，依托组织进行劳动，获取生活资料，依靠组织获得职业的成长与发展。因此，他们大多都心怀感恩，有着强烈的归属感和使命感，对自己所在的岗位和单位格外关注和维护；将个人行为与组织行为主动融为一体，尽己所能，为组织的发展出力。

对社会负责就是要走出小我，让技能服务更多人，毫无保留地传承技艺。现代工匠没有以往“教会徒弟，饿死师傅”的陈旧观念，他们无私地将自己的技艺传承下去，将宝贵的经验分享出去，为培养高技能人才助力。沪东中华造船厂的工匠张翼飞，就先后带出过7个全国技术能手、6个省部级劳模、18个高级技师。这既是一种胸怀、一种境界，也是一种社会主义劳动者的担当。

对客户负责就要有强烈的质量意识。匠人们杜绝粗制滥造、偷工减料，宁肯多加班加点也要保证品质，以制作高质量的产品为准则，这其实也是对自己负责的表现。只有对他人负责、对社会负责，才能树立自己的品牌。

中国石油渤海装备中成机械公司的工匠黄玉梅，工作20多年来，秉承“用人品创造产品打造精品”的理念，坚持“多一遍”原则，认真负责，带领全组实现电机产品一次交检合格率始终为100%，保持了人为质量事故为“零”、安全事故为“零”的纪录。她所在的“黄玉梅班”，被评为“全国质量信得过”班组，并站上了国家质量管理的最高领奖台。

（2）定位准确

优秀的工匠们永远在前进的路上，他们对自己的人生目标和职业定位清晰而准确，不好高骛远，也不妄自菲薄，坚守职业操守，在适合自己的岗位上勤奋耕耘。他们对自己有着高标准、严要求，勇于突破过去的自己，努力超越组织的绩效标准，精益求精，不断追求卓越。只有不断地挑战自我、追求新高度的人，才能逐渐达到更高的目标，充分释放自己的能量。

（3）个性品质

坚持不懈、勤奋务实、勇于挑战、不怕困难、积极上进是工匠精神的重要特质。工匠们虽然性格不同，但在工作中都一丝不苟、专心专注；他们进入工作岗位的原因不同，但都充满工作热情，能做到“干一行，爱一行，专一行，精一行”。

（4）价值观

在优秀工匠的价值观体系中，做一个对家庭、组织、社会、国家有用的人，是他们坚持的理念；务实、踏实、诚实是他们的行为准则。他们深知成功没有捷径，只能一遍遍地尝试和努力，即使疲惫不堪，也要坚持到底。他们真诚守信，不敷衍应付，不弄虚作假，做事守规矩、有原则；不随波逐流，踏实工作，努力达成组织的要求。三峡电厂检修队伍中的“定海神针”凌伟华，十分喜欢自己的工作，对三峡水电站了如指掌，通过对机组“望、闻、问、切”就能准确判断出故障的原因，并迅速开出“药方”。工匠们正视个人与集体的关系，为了集体利益，他们可以舍弃个人诉求，连续作业、反复试验，直到完成任务。他们没有把宏图大志挂在嘴边，只凭借自己的技术和劳动，用工匠的本心，一丝不苟地书写人生。

匠品是脚踏实地的坚守，去除浮躁；匠品是追逐真实的境界，没有幻想与浮夸；匠品是兢兢业业做事，是本真与诚信，是不为名利所掣肘；匠品是勤勤恳恳做人，是责任与担当，是不因金钱而迷失。这些既是中国当代杰出工匠集体显现的特质，也是新时代中国工匠精神的重要内涵。在各地工匠的评选过程中，品行、贡献与技艺被同时列为基本的入选条件，那些品行端正、为社会做出贡献、有传承精神的人，才是技术工人队伍中值得称道的工匠。

4. 匠行

“千里之行，始于足下。”工匠都是在一线干出来的高手，都是在行动中成长起来的能人。强大的行动力是工匠精神的重要组成部分。工匠精神，贵在行动。

（1）巧行

匠人的行动包含学、识、习。“人非生而知之者”，知识和技能都是靠“学而时习之”得来的。其中，“学”为基础先行，学知识技巧和为人处世。匠人们的成长离不开虚心好学、勤勉笃学、善思巧学。“识”为学的结果，识得规律和技巧，才能顺势而为。“习”是将理论转化为实践，反复操练，并将其变成现实的生产力。而学、识、习都要伴随“思”，否则会“惘”。“知其然而不知其所以然”，就会造成“东施效颦”，制作出没有灵魂的赝品。中国兵器工业集团凌云太行公司数控车工高级技师靳小海，就是在不断自学解决技术难题的过程中获得成长的。对此，他直言不讳：“只要肯学、肯干，任何困难都不会成为绊脚石。”在古代，工匠精神的行动，强调一个“巧”字，巧工、巧法、巧思，才有精品诞生。在当今时代，面对挑剔的客户，巧行更是关键。“巧”是认真思考、不断创新的过程，即使运用到最简单的作业程序中，也会提高工作效率。一线技术工人的巧思妙行，会给企业带来意想不到的收获。

现代工匠精神要继承传统，更要善于创新，找到最好的方式，创造出最完美的产品。河北长安汽车有限公司国家级技师、焊装车间机电维修高级技师顾帅圻负责整个车间的制造设备维修工作。他凭借 30 多年的工作经验，总结出了一套“望、闻、问、听”的工作理论，仔细观察每一条生产线，寻找每一台设备的缺陷，发现问题，精心改进。自创立“顾帅圻汽车制造创新工作室”以来，他们成绩斐然，多次获奖。

（2）持久行动

正所谓“熟能生巧”，坚持和专注本岗位、本行业，才有可能使技术纯熟，熟练后才能悟出门道。匠人们成功的经验源自多年的积累，他们心无旁骛地从事一种工作，并将其做熟、做深、做巧，娴熟地掌控岗位技能，在无数遍的重复中找到问题的关键。如中国首钢集团技术研究所焊接工艺实验室首席技能操作专家、首钢唯一的女高级技师刘宏，她与 5 名博士、10 名硕士一起从事新钢种的可焊性试验和新焊材的开发工作，每日的工作就是攻克各种新项目、解决各种新材料的焊接工艺问题，这使他们成为单位攻坚克难过程中不可缺少的力量。这种能力得益于刘宏多年的实战经验、丰富的专业知识，以及她超强的学习能力和应变能力。

（3）干好能干的和该干的

每个人的能力都是不同的，不可能样样精通；每个人的精力都是有限的，如果“四面出击”“这山望着那山高”，可能会一无所获。山东聊城中通客车公司钳工技师工作站的“金蓝领”张则强认为，“匠行”就是“干好该干的工作”。干“该干的”，目标明确，不相干的不想也不做，不去浪费时间；干“能干的”，不用去羡慕别人的岗位和薪酬，在自己的能力范围内做事，才能成为踏实可靠的人。干就要干好，不应付，尽己所能做到最好。好没有上限，只有更好。更好的方法则需要我们揣摩、尝试和坚持。“术业有专攻”，做好自己能干和该干的事，已实属不易，不要去想不相干的事。

5. 匠值

用自己的技艺创造出更高的价值，这是工匠精神的价值所在。匠人的产品（作品或手艺）被社会认可、喜爱，是匠人的追求。匠值不限于经济价值，也可以是艺术价值、使用价值或效率价值等，总之，是一份社会贡献。当前，匠值的意义被很多专家认可，并在各地工匠评选的过程中被特别关注。

综上所述，匠心、匠艺、匠品、匠行、匠值有着内在的逻辑关系，其中匠心是工匠成长的根基。匠心决定匠品，匠品也反作用于匠心。内在天性与外部约束以及个人品性之间互相影响，共同发力，直接通过匠行显现出来。工匠精神体现在行动中，从获得高技能到产生高绩效，都是在以匠心、匠品为支撑的实践行动中获得的。精湛的技艺是工匠精神的核心要素，这是其区别于其他精神的标签，也是能带来价值的保证。工匠们勤奋工作的终极目标是创造价值，匠值是社会评价，肯定的评价会促使匠艺得到提升。这就要弘扬工匠精神的现实意义，使其更好地创造出社会需要的多种价值。

工匠精神是一系列精神的集合，虽然在不同的工匠身上显现的侧重点不同，但基础要素是一致的，是各层级工匠群体显现的共同点和基本特征。外延要素是工匠精神的重要组成部分，它会因个体差异和层级的不同而不同，是杰出工匠才具有的工匠精神。

二、工匠精神的当代价值

工匠精神是工匠们在改造客观的劳动对象时，在对自己严格要求甚至是苛刻的条件下形成的精神。当前，提倡“培养精益求精的工匠精神”，倡导“劳动光荣、技能宝贵、创造伟大”的价值观，是解决我国企业转型升级、技术创新、产品创优等实际问题的精神需要，是我国由制造业大国向制造业强国奋进的价值引领，更是培育更多、更好的建设中国特色社会主义现代化强国的高素质劳动者和人才的内在需求。

工匠精神在当代具有多重价值，即精神价值、人本价值、创新价值和自我实现价值。

1. 精神价值

工匠精神的精神价值，不仅在于它具有给人启示的作用，还在于它具有能动的反作用和精神力量。工匠们在制作物件或作品时，除了需要付出体力以外，还要付出专注力，二者缺一不可。用这种方式做出的物件或作品，会得到同行的认可和消费者的称赞。这种成功会给工匠们的身心带来愉悦，从而使他们在做下一件物件或作品时，精神更加饱满，有信心将下一个物件或作品做得更好。如果工匠们制作出来的下一个物件或作品不如意，这种精神力量也会帮助他们吸取教训，避免类似事情的再次发生。除此之外，工匠们的精神力量也起到一定的作用，这种精神力量会促使工匠们主动地将消极因素转变为积极因素。“失败是成功之母”，如果将“成功”看作直接动力，那么，就可以将“失败”看作间接动力。总之，无论是工匠本身表现出来的直接动力，还是变消极为积极的间接动力，都属于工匠精神的精神价值，都远远超越了工匠精神的本义。除此之外，它还包含伦理道德和价值观层面的价值，这些也属于工匠精神的精神价值。随着人类社会的进步和发展，当代工匠精神的精神价值会表现得越来越明显和充分。

2. 人本价值

带有“以人为本”思想的人文理念或人本思想的产品永远有人欣赏，因为它对人有意义、有价值。在“人无我有，人有我优”思想的指导下，为工匠精神赋予人文理念或人本价值，是工匠们的普遍追求。例如，窗户有两种打开方式，一种是横向内拉全开，一种是纵向小角度内倾。横向内拉，擦玻璃时很方便。如果窗户向外打开，就必须将胳膊或者大半个身子探出窗外，才能擦到窗户玻璃的外侧。这对住高楼的人而言，非常危险。纵向小角度内倾，则相当于在窗户上端开了个大缝，既透气又不会漏雨。在生活中，类似这样的饱含人文理念和人本思想的人性化设计给人们带来了良好的体验和极大的方便。在中国制造业迅猛发展的过程中，饱含人本理念和人本思想的设计、产品和服务随处可见，这都是工匠精神具有人本价值的体现。

3. 创新价值

关于工匠精神的创新价值，可以在阐述其他精神的过程中得到证实。工匠精神具有“尚巧”的创造价值。“巧”并不是一种简单的模仿，它在本质上体现了创造性思维的特质，它要求人们敢于打破常规，别出心裁，不拘泥于传统。传统的工匠虽然也从事制作活动，但并不是简单、机械的重复性体力劳动，而是一种持续性的创造过程，是一个不断对技艺、产品进行提升、完善的过程。这就是工匠精神的创新价值，也是对工匠精神具有创新价值的阐释。

2022 年 1 月 20 日，位于四川省成都市春熙路的桃桃升现烤点心店正式营业。这是李重升创立桃桃升品牌以来，开的第 5 家线下门店。

谁曾想到，这位被员工们亲切地称为“李姐”的干练姐姐，却是个 90 后女孩。8 年前，从英国留学回国后，主修商务管理的她曾先后做过农资企业招投标、广告策划、潮牌代理等工作，但从小就爱甜品的她始终怀揣着一个创立甜品糕点品牌的理想。

2018 年，李重升创立了第一家线上甜品店 —— 盒子家。开店初期，她和创业小伙伴儿们一起研发的几款小甜品迅速走红。这给予了李重升很大的信心，也让她在不知不觉中忽视了对风险的管控。她加快了扩店的步伐，9 个月内，‘盒子家’就陆续开张了 11 家直营店。营运成本短时间内急剧增加，使得门店每月亏损 60 万元，这给李重升带来了极大的压力。持续亏损 3 个月后，她决定闭店止损。经过一番梳理，李重升发现缩店之后，自己的甜品店很快又实现盈利了，这让她再次充满了信心。而且这一次，她还有了新的想法……

“目前看来，在年轻人中，西式的甜品、糕点占据着市场主流，中式糕点市场主要还是在中老年。我何不吸收众家之长，打造一款以年轻人为目标群体的中式糕点？中华糕点文化有着悠久的历史和深厚的文化底蕴，我们具有足够的自信来创立自己的品牌。”有了笃定的信念，李重升迅速行动了起来。从选址、装修、人员招聘，到产品研发、定制，再到 Logo 设计，李重升参与到新品牌创立的每一个环节。

2021 年 9 月，第一家桃桃升现烤点心店在成都天仙桥北路诞生了。一款款从传统中脱胎、博采中西特长的国潮小点心一经投入市场，便迅速掀起了糕点界的中国风。拉丝虎皮卷、鲜乳提子、Q 仔麻薯、超级挞、小麻花、麻辣火锅小贝……“糕点还能这么做？”无论是一般消费者还是同行业从业者，纷纷对眼前这些带有“成都范儿”的小点心表现出了极大的兴趣。很快，第一家桃桃升线下店盈利了，李重升创立一个深具中国文化特色的“甜品”品牌的愿望也实现了。

……………

“其实，我心中有一个更大的梦想。”谈到未来，李重升陷入沉思，片刻之后，她说道：“我想让‘桃桃升’走向世界，让世界各地的人都能吃到带有‘成都范儿’的中式糕点！”

（资料来源：四川新闻网《让糕点界掀起“中国风”——90后女孩李重升的创业故事》，有删改）

4. 自我实现价值

个体的价值，既表现为个体存在的意义（个体对社会的重要性、责任和贡献等），也表现为社会对个体的尊重和满足。前者是个体的社会价值，后者则是个体的自我价值，二者既相互联系又相互区别，缺一不可，共同构成了个体的价值。随着机器大工业的发展，机器生产代替了传统的手工劳动，虽然极大地提高了社会生产率，但它对工作者的自由发展构成了威胁，客观上阻碍了工作者的“向内发展”。这里的“向内发展”就是指个体自我价值的实现。这一现实，不但不利于人的全面发展，也不符合我国大力培育创新型人才的要求。

因此，培养精益求精的工匠精神，其意义不只是要倡导工作者追求精湛的技艺，更要追求“道技合一”的自由和自我实现的满足。对具有工匠精神的工作者而言，工作不再是无奈、痛苦的事情，他们会将自己投入其中，从而实现自我价值，获得成就感。这就是工匠精神自我实现的价值。

当代工匠精神价值的研究和分析，不仅是为了让人们了解工匠精神具有哪些当代价值，而且是为了让人们在对工匠精神当代价值进行科学认知的基础上，在科学的分析中深刻地把握其价值所传递出来的正能量。也就是要让人们十分清楚地知道，精益求精的工匠精神，不是工匠们一味地付出和奉献。在为国家、为社会、为企业做贡献的同时，无论在精神层面，还是在物质层面，具有工匠精神的人都有着更多的收获，他们不但在以后的劳动中更有成就感，精神更加饱满，身心更加和谐，而且还为技术创新提供源源不断的动力。

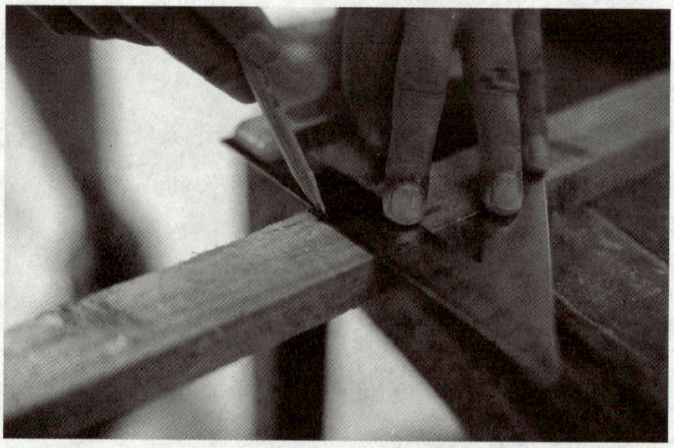

三、工匠精神的教育价值

以下将深入分析工匠精神所蕴含的“以人为本、德高为上”的匠人品质、“精益求精、追求卓越”的价值追求以及“严谨专注、持之以恒”的精神内核，梳理工匠精神与教育工作的根本任务、教育目标、途径和方式等的内在联系，阐明工匠精神所具有的思想政治教育价值。

1. 工匠精神的思想政治教育价值

近几年，工匠精神屡被提及，在不同的领域，工匠精神也被赋予了更多、更广、更深的意义。工匠精神所蕴含的“以人为本，德高为上”的匠人品质、“精益求精，追求卓越”的价值追求以及“严谨专注，持之以恒”的精神内核，与思想政治教育工作的目标、途径等具有高度契合的联系。

（1）“以人为本，德高为上”的匠人品质与思想政治教育立德树人的根本任务同源同根

古代的能工巧匠对技艺的传承人有着严格的要求，“人”为本，“德”为先。这里的“人为本”，可以理解为以人才为根本；“德为先”，就是人才要有良好的品行。思想政治教育立德树人根本任务中的“德”，也指“道德、品行”。“立德”，就是坚持德育为先，通过正面教育来引导人、感化人、激励人；“树人”，就是坚持以人为本，通过教育来塑造人、改变人、发展人。可见，古代先贤在传承技艺方面，对人才的要求是“德为先”；思想政治教育立德树人，也是使受教育者具备良好的“德”。虽然两者的出发点不同，但对人才德行的要求是同源同根的。

（2）“精益求精，追求卓越”的价值追求为思想政治教育工作提供全面性、系统性的价值导向

《诗经·卫风·淇奥》中的“如切如磋，如琢如磨”，形象地体现出中国古代工匠精益求精的品质。思想政治教育工作具有全面性和系统性，因此，无论是匠人对产品价值追求的实现，还是思想政治教育目标的达成，都是一个需要长期坚持并不断完善的过程，需要用匠人们“精益求精、追求卓越”的价值追求为思想政治教育工作的系统性和全面性提供价值导向。

（3）“严谨专注，持之以恒”的精神内核为思想政治教育工作提供内在动力

匠人们坚毅、专注、踏实、敬业、耐心、细心的宝贵品质，折射出他们“严谨专注、持之以恒”的精神内核。开展思想政治教育工作，是一项重大任务。要完成这一任务，需要“严谨专注、持之以恒”的精神内核提供强大的精神支撑和持续的动能输出，确保思想政治教育工作顺利进行；始终坚持以立德树人为根本，以理想信念教育为核心，以社会主义核心价值观为引领，切实抓好基础性工作，全面提升思想政治教育的工作

水平，为社会培养合格的建设者和可靠的接班人。因此，思想政治教育工作者必须保持“严谨专注、持之以恒”的精神，将思想政治工作的各项要求落实到教育教学工作的全过程。

2. 工匠精神对职业教育的价值

工匠精神是一种执着追求卓越的专业精神，是对工作的一种热爱、认真和敬畏，是人类文明的传承和承载。

随着时代的发展和职业教育的普及，工匠精神也更加深入人心，成为职业教育中不可或缺的核心价值观和品质精神。从根本而言，工匠精神是一种以人为本的教育理念，它强调的是人本身的能力和素质培养，而非单纯的技能培训和知识传授。在职业教育中，工匠精神对于培养学生的创新能力、实践能力和品德素养具有极其重要的作用。

（1）工匠精神对于创新能力的培养具有重要的价值

在当今不断变化的市场环境中，要想在职业领域取得成功，只靠技能和知识是不够的。创新是走出自己的舒适区、勇于冒险尝试、敢为天下先、勇于面对失败的精神。在培养职业学生的创新能力时，工匠精神的推动是至关重要的。它要求学生具备执着追求卓越的精神品质，通过不断地实践、探索，不断开拓行业和改进技术，并始终保持良好的创新能力。

（2）工匠精神对于实践能力和技能水平的提高具有重要的价值

相较于传统的教育方式，职业教育重视学生的实践操作和技能训练，更注重学生的实验和现场教学，力图提升学生的实际操作水平和解决实际问题的能力。工匠精神要求学生始终追求完美，呈现出对细节的高度关注和对品质的精致要求。这种精益求精的精神将会让学生不断向目标努力，并尽可能地接近完美，形成一个良性循环，以此提高他们的专业技能和实践经验的质量和水平。

（3）工匠精神对于品德素养的培养也很重要

在职业教育中，工匠精神要求学生始终遵循良好的职业道德和职业操守，始终把社会责任和用户的利益放在第一位，不断追求专业的知识和卓越的技术，树立正确的价值观，遵守道德规范，培养较高的职业道德素养和社会责任感。

总而言之，工匠精神是职业教育中一种重要的价值观和品质精神。它要求专业、创新、实践和品德合一，不断自我革新和提升，将职业教育的价值发挥到极致。只有这样，才能让职业教育成为社会发展进步和产业发展繁荣的重要支撑。

四、在新时代弘扬工匠精神的原因

在国际产业变革的大趋势和我国经济发展新常态的背景下，我国政府重新审视了制造业发展的新格局，并于2015年正式提出《中国制造2025》的战略计划，这是制造强国战略第一个十年的行动纲领。要实现这一宏伟目标，就需要一大批高品质的企业和高技能、高素质的人才做支撑。

2016年的《政府工作报告》，正式提出培养工匠精神的重要性，并明确指出："要鼓励企业开展个性化定制、柔性化生产，培养精益求精的工匠精神，增品种、提品质、创品牌。"

党的二十大报告强调："加快建设国家战略人才力量，努力培养造就更多大师、战略科学家、一流科技领军人才和创新团队、青年科技人才、卓越工程师、大国工匠、高技能人才。加强人才国际交流，用好用活各类人才。"（人民网"习近平系列重要讲话数据库"）这为工匠精神赋予了新的时代内涵，对新时代弘扬工匠精神具有重要的意义。

在国际产业变革的大趋势和我国经济发展进入新常态的背景下，中国的经济结构也迎来了重要的转型期，正面临着产业结构优化升级和供给侧结构性改革的挑战。实施"中国制造2025"战略，实现制造强国的目标，需要"中国制造"的企业具备战略眼光，确保产品和服务的质量和品质。从操作层面上而言，企业要保证产品和服务的质量和品质，离不开具有工匠精神的技能型人才的参与。当今时代，需要弘扬和培养的工匠精神，是当代劳动者应具备的职业技能、职业态度、职业追求的综合体现。

当代中国需要的工匠精神，是在机械化大生产、智能化生产、大数据、云计算、"互联网+"等背景下，劳动者在工作中爱岗敬业、严谨细致，不断提升职业技能，对产品和服务精益求精、追求完美、大胆创新的精神。所以，工匠精神的主体价值并没有随着经济社会的发展隐退在技术革新的浪潮中，相反，工匠精神所包含的职业态度和品质是对传统工匠精神的继承和发展，在当今中国社会的发展中具有更为重要的时代价值，也将承载着更多的历史使命和责任。

1. 产业结构优化、升级需要工匠精神

推进全方位的供给侧结构性改革，强调的是产业优化升级和经济结构转型，并以更科学、合理的方式和比例配置资金、人力和土地等资源，以保证提高经济增长质量和经济增长速度的同时实现稳步提升。积极推进供给侧结构性改革，既要求企业牢固树立质量意识和品牌意识，又要求企业重视员工工匠精神的培养，持续推进自主创新，为社会提供更多的有效供给，以满足国内、国际不断升级的消费市场需求。因此，弘扬和培养工匠精神对完成产业结构的优化升级和供给侧的结构性改革具有重要的促进作用。

2. 社会主义道德新风尚的养成呼唤工匠精神

随着社会的不断发展和进步，我们应逐渐认识到，社会进步和人类的创造成果都离不开劳动。劳动不仅可以体现个人价值，而且可以提升社会再生产水平。凝结在产品和服务中的劳动不能因分工不同就被区别对待，我们必须摒弃以不同职业来划分社会阶层的错误观点。目前，我国大力倡导“职业有分工，职业无贵贱”的职业观，是现代社会对公平和平等的内在要求。国家和企业应提高工匠的待遇，呼吁社会认可工匠的价值，促使更多技能型人才具备工匠精神，进而使产品和服务的质量和品质得到提升，使“中国制造”的产品赢得消费者的信任，使“制造强国”的战略目标得以实现。因此，弘扬和培养工匠精神是时代的呼吁和要求，更是影响社会主义道德新风尚养成的重要因素。

3. 从业者实现个人价值离不开工匠精神

随着产业结构的优化、升级，以及“中国制造2025”战略的提出，人们更关心产品的质量，对制造类企业提出了更高的要求。企业为满足消费者对质量的要求，在招聘时，更注重求职者的职业综合素质，不再局限于职业技能。求职者进入企业后，要想在职业生涯中获得晋升机会，实现职业理想和个人价值，必须同时具备硬实力和软实力。硬实力主要指岗位相关的职业技能和专业知识，而软实力则指的是同时包含职业技能、职业态度、职业精神和职业追求的工匠精神。如果只注重职业技能的提升，而忽视工匠精神的培养，将很难充分实现自身价值，最终导致其职业技能也很难取得很高的造诣。因此，工匠精神的培养不仅是从业者综合职业素质不断提升的内在动力，也是促使劳动者向“有业、敬业、精业、乐业”转变的重要前提，对个人、企业和社会的发展都具有重大的影响。

阅读思考

1. 工匠精神的当代价值是什么？

2. 工匠精神的教育价值是什么？

3. 对实现中华民族伟大复兴而言，工匠精神有何重要意义？作为中职学生，我们如何在现实生活中践行工匠精神呢？

任务实践

学习完本项目的内容后，认真完成表1-1的实践清单。

表1-1　实践清单

发扬工匠精神，传承传统技艺	
实践任务	通过学习和实践工匠精神，传承和发扬传统技艺。
实践目标	（1）了解和理解工匠精神的核心价值，认识传统技艺的重要性。 （2）学习和掌握传统技艺的基本知识和技能。 （3）培养专注、耐心、追求卓越的态度，提升自己的工匠素养。 （4）传承和弘扬传统技艺，促进传统文化的传承与创新。
实践步骤	（1）确定传统技艺。 选择感兴趣的传统技艺，如陶艺、木工、剪纸等。 （2）学习基础知识。 了解该传统技艺的历史、发展背景和基本技巧。 （3）寻找师傅或专业机构。 联系教授传统技艺的师傅或专业机构，学习并掌握技巧和工艺。 （4）反复练习。 通过大量的实践练习，不断磨炼自己的技艺，提高专业水平。 （5）传承与创新。 将学到的传统技艺进行传承，并结合个人创新，创作出具有个人风格的作品，推动传统技艺的发展与创新。
实践提示	（1）学习传统技艺需要长时间地练习和坚定不移的信念，要保持充分的耐心和毅力。 （2）寻找有经验的师傅或专业机构，向他们请教并接受指导，从他们的经验中学习。 （3）不断追求卓越，勤加练习，反复琢磨，不断提升自己的技艺水平。 （4）在传承的基础上，鼓励个人创新，将个人的独特风格和创意注入传统技艺中。
实践总结	

实践评价

完成以上实践后，认真完成表1-2的实践评价。

表1-2　实践评价

评价内容	分值	得分
参与实践的积极性、主动性	25	
独立思考能力	25	
创新能力	25	
对工匠精神价值的理解程度	25	
教师点评:		

第二单元

返璞归真——工匠精神的本质

【单元导读】

工匠精神本质上体现了“由心而始，力行正道”“踏实努力，谦虚低调”“专于其中，方成极致”“勇于负责，匠心独运”的价值观和工作态度。它不仅是追求卓越和品质的动力，也是提升个人素养和推动社会进步的重要力量。

【学习目标】

◎ 知识目标

了解工匠精神的本质。

◎ 素质目标

（1）培养内在激情，将日常工作内化为自己的乐趣，始终保持积极的工作态度和高度的动力。

（2）培养高度的责任心和自律能力，积极解决问题。

（3）培养尊重和团队合作的能力，与其他团队成员合作、沟通和协调，提高整体业绩，完成目标。

（4）培养勇于尝试、不断学习和创新的能力，扩展认知和增强行动力，成功应对新形势与挑战。

（5）培养负责任的行为准则和价值观，坚守行业规范和道德信仰，自觉履行社会责任。

【思政目标】

（1）树立正确价值观，主动适应时代要求。

（2）增强文化自觉，立足本土文化，多元开放导入，增强创新、合作、共享的意识。

（3）培养创新精神和技能应用的能力，努力参与新时代的创新实践和服务。

（4）增强转化知识为生产力，推动科技创新、产业创新、农村振兴与生态建设的能力。

第一节　由心而始，力行正道

工匠精神是一种追求卓越、对工作充满热爱与执着、坚持不懈追求完美的专业精神。它既包括对工作的内在热忱和敬畏，也体现在对正确途径和方法的信仰与追求。在如今社会飞速发展的背景下，工匠精神的本质在于“心”与“道”的完美结合，代表着对工作的真诚热爱和对正确方法的不懈追求。

首先，谈及“心”方面，工匠精神体现了热爱、坚定、执着、敬畏和创新等特质。热爱是工匠精神的内在动力源泉，能唤起工匠们对事业的激情与投入，让工匠们毫不吝啬地投入时间和精力，呕心沥血地从事某种职业。这种内心的热爱，激发了他们对品质的追求和对专业技能的不懈钻研。

坚定和执着则是工匠精神的重要品质。工匠们在面临困难和挑战时不动摇、不放弃，始终保持对事业的忠诚和信念，即使屡遭失败也不气馁。这种执着精神使他们有能力战胜困难，不断克服障碍，最终取得成功。

敬畏则是工匠精神的另一个重要方面。工匠们敬畏技术、敬畏职业、敬畏责任。他们深知自己所处行业的重要性，严肃认真地对待每一个工作环节，保持谦逊与谨慎，时刻保持对职业的尊重与敬畏之心。

同时，创新也是工匠精神的重要组成部分。工匠们不满足于简单的重复性劳动，而是努力寻求创新，探索新的方法和技术，不断推动行业的进步和发展。他们以开拓精神和积极进取的态度，持续不断地改进与提高自身的技能水平，保持对创新的追求，确保自己始终处于行业的前沿。

其次，谈及“道”方面，工匠精神强调对正确途径和方法的信仰与追求。追求正确的途径和方法，代表着对工作的严谨和认真态度，不仅仅关注结果，更注重过程中的方式和原则。工匠们心中明白：只有选择正确的道路，才能获得卓越的成就。

在技能培养和工作实践中，工匠精神要求工匠们始终坚守规范，秉持严谨的态度，按照正确的工作流程和操作规范进行工作。他们注重细节，从不轻视每一个环节，始终保持对高水准工作的严格要求。

工匠精神还强调对专业知识与技能的持续学习和提升，不断追求行业前沿的技术和理念，保持对新事物的开放心态和学习态度。在不断刷新自己的知识储备和提升技能水平的同时，保持着在职业领域的竞争力。

最后，工匠精神的本质在于“心”与“道”的完美结合。对工作的热爱与执着，展现了工匠们追求卓越的品质和专注力；对正确途径和方法的信仰与追求，体现出工匠们严谨的工作态度和对行业规范的遵循。工匠精神的核心是对工作的真诚热爱、坚定执着、敬畏职业责任，同时还要以正确的方式和方法来对待工作，不断追求卓越和创新，始终保持对行业和职业的尊重与敬畏。

总的而言，工匠精神的本质在于内心深处对工作的热爱与坚守，以及对正确途径和方法的坚定追求与信仰。当“心”与“道”完美结合时，工匠精神便能在各行各业中熠熠生辉，薪火相传，为社会的发展与进步贡献力量。

大庆油田是我国工业战线的一面旗帜，在这里诞生的“大庆精神”和“铁人精神”影响了我国一代又一代的劳动者。大庆油田大力推进油田科技自主创新、持续创新，以“超越权威、超越前人、超越自我”为内涵的科技创新精神，更是深刻影响着无数“油二代”。刘丽就是其中之一。

刘丽的父亲是大庆油田第一代建设者。跟随着父亲的脚步，从技校毕业的刘丽来到大庆油田第二采油厂第六作业区采油48队，光荣地成为一名采油工。至今，她在采油一线已经奋战了30年。

在这些日子里，大庆油田全心全意依靠职工办企业的理念，让刘丽感受到，有技术、能创新、会发明的工人更有力量。

“哪件活儿大家干起来难，我们就要围绕着它来创新。”“我搞钻研、搞创新的目的就是为企业解决实际生产难题，努力把活儿干得巧一点儿、快一点儿、好一点儿。”秉承走创新路的理念，让刘丽成为油田里的创新能手。为此，她一有空就掏出随身携带的图纸和铅笔进行记录。坚持围绕生产难题思考和创新，早已成为她工作和生活的一部分。

升级改造盘根盒就是她解决的一个生产难题。盘根盒是采油井口密封装置，用传统的抠取方式更换，至少需要耗时40分钟。其间，采油机必须停止工作，停机时间长，容易影响产油量。

了解到这一难题后，刘丽从化妆品口红的旋转方式中找到灵感，然后画图、建模、试验。两年时间，五次改进，刘丽最终研发出“上下可调式盘根盒”，使更换盘根盒的操作时间缩短3/4，填料使用寿命延长6倍。该发明在6万多口油井实现应用，年节约维修工时10万小时、节电2.4亿多度。

此外，她研发的“螺杆泵井新型封井器装置”等一批成果填补了国际国内技术空白，累计多产油6万多吨。

在刘丽的工作中，类似这样的创新和改革还有很多。多年来，她始终专注于解决生产难题，研发各类成果200余项。其中，获国家及省部级奖项的有33项，获国内专利及软件著作权的有41项。

“我希望我这一生，都做一个努力奔跑的人，并且带动影响身边的更多人，一起为祖国加油。”刘丽是这样说的，更是这样做的。

此后，以刘丽名字命名的“刘丽工作室”成立。工作室成立之初，她把培训作为重要工作，先后探索实施了体验式五步阶梯培训等多种培训方式，累计培训1.5万余人次。其中，有5人被聘为大庆油田技能专家，65人被聘为高级技师、技师。目前，该工作室形成了“技师联合研发、革新工厂自主生产、示范区试用推广”的“研产用”一体化模式。

在“刘丽工作室”的带动下，大庆油田第二采油厂的创新创效成果数量由过去的每年100多项增加到300多项，全厂参与创新创效的人数由原来的500人左右跃升至2000多人。该工作室累计研发技术革新成果1048项，获得国内专利近200项，推广成果5000余项，创造效益达1.2亿元。

（资料来源：《中国知识产权报》，有删改）

刘丽的故事告诉我们，无论身处何种行业，都要发扬工匠精神。通过热爱、坚定、执着、敬畏和创新等特质，以正确的途径和方法为指导，我们就能在自己的领域取得非凡的成就，为行业和社会的发展做出贡献。

阅读思考

1. 通过阅读刘丽的案例，你觉得她成功的因素有哪些？对你有什么启示？
2. 结合有关实例，谈谈你对“力行正道”这句话的理解。

第二节　踏实努力，谦虚低调

一、踏实努力，谦虚低调

“器物有魂魄，匠人自谦恭。”工匠精神是谦虚低调的，真正的工匠也总是以低姿态、高标准来要求自己。他们不炫耀、不张扬，但始终把不断提升质量、品质与细节作为成长与发展的动力，精益求精地追求完美与极致。

2023 年“全国五一劳动奖章”获得者、某化工厂技术部部长邹伟星，负责全厂的设备管理工作。多年来，他以脚踏实地的态度和高度的责任心对待工作，在设备安装维修和改造上练就了一手绝活。2021 年，邹伟星亲自主导的 R32 车间新增盐酸吸收系统工艺改善项目，不仅提高了盐酸的产量，还提高了生产系统中的安全系数。此外，邹伟星还对烘干车间投料机构、冷凝器冷却介质、投料系统等进行技改，极大地减少了员工的劳动强度，节约了公司生产成本。

邹伟星多年来被公司评为优秀管理者，先后获得多项荣誉称号。在荣誉面前，他没有骄傲自满，而是继续保持不骄不躁、踏踏实实的工作作风，继续为公司高质量发展做出更大的贡献。

邹伟星刻苦学习，通过自学与实践，一步一个脚印，完成了从“工”到“匠”的蜕变。邹伟星身上谦虚低调、踏实努力的工匠精神，也将会激励更多人在各自的领域发光发热。

（资料来源：澎湃新闻《〈劳模风采〉之邹伟星：传承工匠精神　追求精益求精》，有删改）

老子曾说：“良贾深藏若虚，君子盛德，容貌若愚。”就是说，商人总是隐藏其宝物，君子品德高尚，而外貌却显得愚笨。这句话告诉我们，做人要敛锋芒，收锐气，不要急于将自己的才能让人一览无余。只有学会谦虚做人，才能受到人们的欢迎。

扁鹊弟兄三人均为当时名医，尤以扁鹊最负盛誉。某日，扁鹊为魏王针灸。魏王问扁鹊：“你们兄弟三人到底哪一位医术最高？”扁鹊不假思索道：“长兄最高，我最差。”魏王诧异。扁鹊道：“我长兄治病于病发之前，一般人不知他是在为人铲除病源、防患于未然，所以他医术虽高，名气却不易传开；而我是治疗于病情发作和严重之后，人们能看到我为患者把脉开方、敷药刺穴、割肉疗伤，我也确实让不少病人化险为夷，大家就以为我的医术比长兄高明。”

通过这则典故，我们了解到扁鹊谦虚谨慎和正直高尚的人品，他不愧为古代和当今从医之人的榜样。

其实，一个人有多少本事，就算自己不说出来，别人也会看到的。与其滔滔不绝地吹嘘自己，不如保持谦虚的态度。俗话说“木秀于林，风必摧之”“枪打出头鸟”，一个人只有时刻保持谦虚的态度，他的路才能走得更远。

芸丽是一个精明能干的人，她很早就参加了工作，而且博览群书，学识渊博，在大家眼中是个公认的才女。可是，她常常恃才傲物，动辄与人发生纠纷，平时又极爱炫耀自己，同事们对她极为反感，认为她自以为是，过于固执。

后来，芸丽奉调前往某科，刚到那里时还比较服从管理，工作也认认真真，业绩也很不错，很快就升到了主任的位置。这时，她有点儿目空一切了，经常嘲讽自己的上司，认为自己的上司没有什么能力，思想僵化，不懂得创新。

有一次，芸丽认为一项具体的工作流程应该改进，就向上司表达了自己的看法，但没有受到重视，反而被上司说多管闲事，她一气之下就按自己的想法更改了工作流程。上司发现后，批评了她。可她对上司的批评置若罔闻，不但不改，反而认为上司嫉妒她的才华，就和上司吵翻了；而且出言伤人，丝毫不肯退让。结果可想而知，这位上司向老板告了一状，说她恃才傲物，不遵守公司制度。不久，芸丽就被单位解雇了。

（资料来源：潘鸿生著《人生三大学问：低调、淡定、舍得》，有改动）

有才就任性，早晚会让自己吃亏的。因此，即使你认为自己满腹才华、能力比别人强，也要学会谦虚平和，这样才能在竞争激烈的社会中提升自我，获得成功。不显眼的花草少遭摧折，只有低调才能心无旁骛；专注做好眼前的事，才能成就未来。

二、拒绝浮躁，脚踏实地

在飞速发展的时代，急于求成的人越来越多了。有的人渴望一夜成名、一夜暴富，有的人“吃着碗里的，望着锅里的”，这种功利的心理难以孵化出工匠精神。

张某是某事业单位的一名普通干部。有一次，他主动找到心理医生讲述自己的苦闷：“我近一年来一直心神不定，总想出去闯荡一番，总觉得在我们那个破单位待着憋闷得慌。看着别人房子、车子、票子都有了，我心里慌啊！以前我也曾炒过股，倒过一些货，但都是赔多赚少。后来我又跳槽去了几家单位，不是这个单位离家太远，就是那个单位专业不对口，再就是待遇不好。反正找个合适的工作太难了。后来，听说我某个同学很有钱，于是我写了信去，说自己很困难，可他连信也没回，气得我又写信大骂了他一顿。反正，我心里就是不踏实、闷得慌。”

（资料来源：牛马著《走出忧虑船到桥头自然直》，有改动）

这个故事告诉我们，浮躁是成功、幸福和快乐最大的敌人。在浮躁的心态下，做什么事情总是浅尝辄止，看书一掠而过，做事这山望着那山高，总是希望鱼与熊掌能够兼得。因此，这种浮躁的心态对成功没有任何帮助，反而成了绊脚石。

相对于浮躁而言，“平平淡淡才是真”不失为一句金玉良言。其实，能够影响我们的不是事物本身，而是我们对待事物的态度。我们对待事物的正确态度应该是：平和沉静，脚踏实地；不以物喜，不以己悲。所以，要掌控你的工作，一定要踏实、严谨，切忌心浮气躁。

常言说“天下大事必作于细，天下难事必作于易”，戒除浮躁，专心而攻，成功便不再遥远。那些梦想着能够一步登天、可以越过小事而成就大事的人，很难获得真正的成功，因为浮躁之心让他们难以看到小事中的机会。相反，摆脱浮躁之心，从小事做起，才有机会做大事。

深江铁路珠江口隧道，作为目前国内水下埋深最大的海底隧道工程，其成功建设的背后离不开一位杰出的总设计师——张帅坤。在过去，我国重大隧道工程所依赖的盾构机完全依赖进口，价格高昂且难以适应我国复杂的地质环境。张帅坤对此深感忧虑，他坚信，盾构机作为高科技含量的产品，如果我们不掌握其核心技术，仅依赖进口，将无法满足我国快速发展的基础设施建设需求。

盾构机，这款集成了机械、液压、电气等尖端技术的工程机械之王，由上万个零部件构成。为了打破国外的技术垄断，张帅坤毫不犹豫地放弃了管理岗位，选择投身到杭州的一个在建项目，担任盾构机司机，深入隧道建设一线。尽管隧道内部环境恶劣，温度高达40多摄氏度，几乎令人窒息，但他始终坚守岗位，不断学习和研究盾构机的技术细节。

2010年，张帅坤迎来了职业生涯的重要时刻，他带领团队承担起研制国内首台复合式泥水平衡盾构机的重任。经过无数个日夜的辛勤努力，2013年，首台国产复合式泥水平衡盾构机成功下线。随后，他又带领团队继续向更大直径的盾构机发起挑战。2023年，他参与的超大直径主轴承盾构机也成功下线，这标志着我国盾构机全产业链自主化的重大突破。

在15年的时间里，张帅坤领衔研制的国产大直径盾构机不仅打破了国外技术垄断，为国内重大复杂工程的建设提供了有力支持，还走出国门，赢得了国际市场的认可。这些国产盾构机以其卓越的性能和稳定的质量，展示了中国制造的实力和魅力。

正如盾构机在复杂多变的地质条件下始终坚定前行一样，张帅坤等工匠们也在建设中国特色新型工业化的道路上脚踏实地、勇往直前，不断追求卓越和创新。他们用自己的智慧和汗水，书写着中国制造的辉煌篇章。

也许很多人都觉得，要成就丰功伟绩，就一定得去做惊天动地的大事，但他们往往不懂得，梦想只有在脚踏实地的工作中才能实现。志当存高远虽然没有错，但高远的志向必须和实际的行动结合起来。要做成大事，就要从做好身边的小事入手。

如今，我们提倡“工匠精神”，就是提醒人们静下心、多钻研，专注当下、投入工作。如果“工匠精神”成为产业工人的共识，“中国制造”的品质提升和竞争力增强就会指日可待；如果“工匠精神”成为全社会的共识，各行各业都以追求极致、做到最好为目标，就可以有力助推中国经济发展，加快全社会凝心聚力、共圆中国梦的进程。

古人说：“合抱之木，生于毫末；九层之台，起于累土；千里之行，始于足下。”无论是一个家庭、一个企业，还是一个国家，只要我们少一些浮躁，少一些投机取巧，多一些脚踏实地，一步一个脚印地做好每一件小事，做精每一样产品，比如把一个拉链、一颗螺丝钉做成同行无法匹敌的卓越产品，我们就是同行业的佼佼者，我们的事业就能一步步走向兴旺发达。

三、量力而行，摒弃好高骛远

好高骛远、眼高手低是与工匠精神背道而驰的。真正的“工匠”都是踏实且务实的，他们能执着于重复做简单的事情，一步一个脚印，以“笨功夫”练就炉火纯青、登峰造极的技艺。我们提倡工匠精神，就应杜绝浮躁，摒弃好高骛远，踏实努力、埋头苦干，以“笨功夫”练就自己的“真本事”。

黄倩是某著名外国语言大学毕业的高才生，她一心想进入大型的外资企业，最后却不得不到了一家成立不到半年的小公司“栖身”。心高气傲的她根本没把这家小公司放在眼里，她想利用试用期“骑马找马”。

在黄倩的眼里，这家小公司是这样的：不修边幅的老板，不完善的管理制度，土里土气的同事。自己理想中的工作可完全不是这么回事。

“怎么回事？”“什么破公司？”“整理文档？这样的小事怎么让我来做呢？”“这么简单的文件必须得我翻译吗？”……就这样，黄倩天天抱怨老板和同事，愁眉不展、牢骚不停，而实际的工作却常常是能拖则拖，能躲就躲，因为这些“芝麻绿豆的小事”，她根本就不放在心上。

终于有一天，老板找她谈话，说：“我们认为，你确实是个人才，但你似乎并不喜欢在我们这种小公司里做事，因此对工作敷衍了事。既然如此，还是请你另谋高就吧。”

被辞退的黄倩这才清醒过来，当初自己应聘到这家公司也是花了不少力气的，而且就眼前的就业形势，再找一份像这样的工作也很困难。刚步入社会，就被炒鱿鱼，黄倩非常后悔。

（资料来源：潘鸿生著《人生三大学问：低调、淡定、舍得》，有改动）

工作中，总会有很多人和故事中的黄倩一样，他们一进公司就非常“眼高”，急于表现自己的才能，会提出一些激情冲天、大而无当、不切实际的计划，却往往“手低”，不愿意做一些烦琐而实际的小事。好高骛远必然会带来惨痛的教训。结合实际情况，制订合理的计划，并一步一个脚印地去实行，才是成功之道。

阅读思考

1. 结合有关案例，谈谈你对“踏实努力，谦虚低调”的理解。

2. 搜集历史上由于骄傲自满而失败的例子，以“谦虚与骄傲”为主题写一篇演讲稿。

第三节　专于其中，方成极致

真正的工匠精神要求高度的专注。古往今来，凡是有卓越成就的人，都有一个特点，那就是将注意力集中在一件事上，专心致志，集中突破。这是他们做事卓有成效的主要原因。

鲁班之所以成为我国的土木工匠祖师，为世人所敬仰，就是因为他将毕生精力都倾注于做这方面的研究。工匠出身的鲁班，对如何提高劳动效率和工艺水平十分专注。正是因为这种专注，他的发明创造很多，包括曲尺、墨斗、刨子、钻子、凿子、铲子等，这些发明大大提高了工匠们的劳动效率和工艺水平。

一个人的专注度往往决定着他成功的概率：专注度越高，获得成功的概率就越大；反之，则越小。这个道理也同样适用于人们对待工作的态度，专注意味着投入，意味着沉浸其中。一个整日浮躁的人是不可能取得好的工作成绩的，更不要说获得成功了。

专注于一项工作，就能把这项工作做到最好。所谓“制心一处，无事不办”说的就是这个道理。专心致力于某一项工作，会激发我们的活力与创造力，使我们精神抖擞，意气风发，有成就感；而这些会促使我们更好地工作，形成一种良性的循环。所以，专注是成就的代名词，要想有所成就，必先专注于工作。

在任何职业领域，只要能专注目标、全心投入并持续改进，就能在平凡的岗位上创造出不凡的业绩。柳连杰，这位长期坚守在生产一线的员工身上所体现的精神，就是这种工匠精神的典范。

从行业新手蜕变为某电气智慧工厂北京线的线长，柳连杰在过去的9年时间里，通过在一台台配电柜的制作上不断磨炼技艺，展现出了卓越的技能和创新思维。他的故事向世界展示了“中国制造”向“中国智造”转型升级的坚实步伐。

为了更接近家乡湖北，柳连杰离开广州和深圳，经过朋友介绍加入现在任职的工厂，成为一名一次线生产计件技术工人。尽管刚开始时他对这份工作几乎一无所知，甚至连最基本的铜排测量技巧都不会，但他并未气馁。

遇到不懂的问题，他会积极向师傅请教；对于师傅教授的技术细节，如元件开关和接触器的安装等，他也会反复钻研，力求精通。

2020年，柳连杰因其卓越表现被提升为智慧工厂成品总装测试区北京线的负责人，正式跻身于基层干部行列。他提到，智慧工厂通过导入精益管理，显著提高了生产效率、准时交付率和产品一次交检合格率，有效推动了作业方式的现代化转型。这一变革不仅保证了生产工艺的高标准和一致性，还加强了各部门间的协作，为大型项目的顺利推进提供了有力保障，同时也促进了员工技术能力的提升。

随着项目数量的增加，如何高质量地生产设计人员设计的定制低压柜成为柳连杰团队面临的一大挑战。蒙华铁路项目便是一个典型案例。该项目所需的99套箱变内低压柜是一种全新的柜型。柳连杰带领团队迎难而上，通过深入研究走线方式、反复分析改进措施，并借鉴国内多家优质产品图片，最终成功研制出符合标准的样柜，圆满完成了交付任务。他坚信，即使面对未曾涉猎的产品，只要保持学习和创新精神，就一定能取得成功。

柳连杰的努力得到了回报，他连续两年被评为“生产之星”。在他的带领下，北京线也取得了显著的产能效益，为智慧工厂赢得了产能大、综合实力强的行业领先地位。在过去的几年里，柳连杰积极参与了多个高要求项目的样柜总装工作，包括金沙江白鹤滩水电站、海口美兰机场等项目。2023年2月，由他带领团队生产的iPanel中低压智能配电柜更是获得了代表中国工业参展汉诺威工业博览会的殊荣。

这款具有自主知识产权的iPanel中低压智能配电柜是公司的明星产品，拥有100余项专利和软件著作权。它在智能化技术方面处于行业领先地位，推动了电气行业从“功能化时代”向“智能化时代”的转型升级。iPanel在

“庆祝改革开放四十周年”展览上作为全场唯一由民营企业提供的实物展品展出，与北斗卫星一同被誉为“国之重器”。它还被武汉市质量强市工作委员会认定为“武汉名品”。

（资料来源：极目新闻《柳连杰：专心致志以事其业　精益求精追求极致》，有删改）

柳连杰这种专注于目标，并为之不懈努力的精神，正是工匠精神所提倡的优秀品质之一。如果一个人不能专注于自己的工作，那么，他是很难把工作做好的。

专注的力量很大，它能把一个人的潜力发挥到极致，而人们无法预知这种力量到底多大。在通往成功的路上，有人对学业、工作、事业专心致志，不懈努力，不受外界诱惑的干扰，扎扎实实地向着既定目标迈进，最终获得了成功；而有人却朝三暮四，见异思迁，对学业、工作、事业缺乏一种执着精神，导致最终一事无成。

荷兰著名的科学家万·列文·虎克，初中毕业后，来到一个小镇为镇政府看门。也许是工作太清闲，他选择了费时又费工的打磨镜片作为自己的业余爱好。他一直非常专注，一磨就是六十年，磨出了比专业技师使用的还要好的复合镜片。人们用他研磨的镜片，发现了当时科技尚未知晓的微生物世界。

心理学研究表明，当一个人高度专注于某件事情时，就会像被催眠一样：明明过了几个小时，却感觉只过了20分钟；明明走了很长的路程，却感觉只走了很短的距离。

只要一心一意地朝着一个有价值的目标稳步前行，坚持不懈，就一定会成功。用凸透镜聚集太阳光，即使在最寒冷的冬天，也可以轻松燃起火来。最弱小的人，只要把力量集中于一点，也能得到好的结果；相反，最强大的人，如果把力量分散在许多杂务上，也会一事无成。

阅读思考

1. 为什么说做事专注是工匠的优秀品质？
2. 如何将专注的精神运用到今后的学习和工作中？

第四节 勇于负责，责任至上

一、勇于负责，实现自我价值

在西安青龙寺遗址博物馆里，人们可以看到陈列于一层的一块中唐时期的手印砖。这是发掘青龙寺遗址时出土的一块条砖，上面有一个清晰的手印，而这个手印是工匠责任的一种体现：印上谁的手印就说明是谁制作的，要承担相应的风险和责任。

一项工作就是一份责任，从事这项工作就应该担负起这份责任。美国著名的管理学家玛丽·弗洛特曾说：“责任是人类能力的伟大开发者。”勇于负责，才会有负更大责任的机会，才会有实现自我价值的机会。

A公司是重庆一家中等规模的食品公司，由于厂房地势较低，每年都要经历1～2次的抗洪抢险。有一年夏天，老板出差到海南去了。出差之前，他叮嘱几位主要负责人说：“要时刻注意天气预报。”

有一天晚上，远在海南的老板给几位负责人打电话，因为他看到天气预报说有雨，担心厂房被淹。当时，厂房所在地已经下雨了，可能由于天气原因，老板一连打了几个电话都打不通，最后打到了人力资源部经理的家里，让他立即到公司查看一下。

“嗯，我马上处理，请放心。”接完电话，人力资源部经理并没有到公司去，他心里想：“这是安全部的事情，不该由我这个人力资源部经理去处理，何况我的家离公司那么远，去一趟也费事。”于是，他给安全部经理打了一个电话，提醒他去公司看一下。而安全部经理接到电话后十分不悦，认为人力资源部经理无权管理安全部的事情。于是，他也没有去公司，心想：“反正有安全科科长在，不用我亲自去管。”

虽然安全科科长没有接到电话，但他知道下雨了，并且清楚下雨意味着什么，但他想：“有好几个保安都在厂里，用不着我操心。”当时，他正在陪朋友打麻将，为了避免“干扰”，他甚至把手机也关掉了。

只有几个保安留在厂里，虽然他们想防范水灾，但是用于防洪抽水的几台抽水机没有柴油了。他们打电话给安全科科长，科长的电话关机，他们也就没有再打，也没有采取其他措施，早早地就睡觉去了。值班的那一位保安睡在值班室里，睡得最沉，他以为雨不会下很大。然而，凌晨两点左右，雨突然大起来，值班保安被雷声惊醒了。当他看到，水已经漫到了床边，顿时慌了，他立即给消防队打电话。消防队虽然来得很及时，但由于通知太晚，三个车间全部被淹，数十吨成品、半成品和原辅材料全泡在水中，直接经济损失达数百万元。

事后，老板回来了，在追究责任时，每一个人都说自己没有责任。人力资源部经理说："这不是我的责任，而且我是通知了安全部经理的。"

安全部经理说："这是安全科科长的责任。"

安全科科长说："保安不该睡觉。"

保安说："本来可以不发生这样的险情，但抽水机没有柴油了，是行政部的责任，他们没有及时买回柴油来。"

行政部经理说："这个月预算超支了，我没办法。应该追究财务部的责任，他们把预算定得太死。"

财务部经理说："控制开支是我们的职责，我们何罪之有？"

老板听了，火冒三丈："你们每个人都没有责任，那就是老天爷的责任了？我并不是要你们赔偿损失，我要的是你们的责任心和工作态度，要的是你们对这件事情的反思，要的是不再发生同样的事故，可你们却只会推卸责任。"

（资料来源：孟令玮著《为自己而工作》，有改动）

A 公司这样的事例确实令人痛心、发人深省。如果这家公司的每一位员工都能主动地承担责任，不把责任推给他人，公司就不会有这么大的损失。企业是每个人的，责任不分你我，在责任面前，每个人都有义务承担，这样企业才能实现持续发展。

一个人无论多么优秀，他的能力都是通过尽职尽责的工作来完美展现的。对于个人而言，责任是一个人有所成就的不竭动力。

一位实习生到一家钢铁公司工作还不到一个月，就发现很多炼铁的矿石并没有得到充分的冶炼，一些矿石中还残留着没有被冶炼好的铁。如果这样下去，公司会有很大的损失。于是他找到了负责技术的工程师，向他反映了这个问题。工程师很自信地说："我们的技术是世界一流的，不可能有这样的问题。"

实习生没有放弃，他拿着没有冶炼好的矿石向公司负责技术的总工程师反映了他看到的事实。总工程师认真地听过后，出于职业的敏感说道：“看来是出问题了，怎么没有人向我反映？”总工程师召集所有负责技术的工程师来到车间，果然发现了一些冶炼并不充分的矿石。

公司的总经理知道了这件事之后，不但奖励了这位实习生，而且还晋升他为技术监督工程师。总经理感慨地说：“我们公司并不缺少工程师，但缺少工作负责的工程师。这么多工程师就没有一个人发现问题，并且有人提出了问题，他们还不以为然。对于一个企业而言，人才是重要的，但更重要的是真正工作负责的人才。”

（资料来源：潘鸿生著《摆正心态干工作》，有删改）

责任就是出色地完成自己的工作，就是忘我的坚守，就是人性的升华，就是一种使命。在工作中表现优秀的人往往都是那些有着强烈责任感的人，在市场中生存比较好的企业也往往是那些有责任感的企业。责任会成就一个人或一个组织，丢掉了责任同样也就丢掉了成功的机会。因而，对待工作，每个人都不能将责任抛到脑后，因为勇于负责是一个人走向成功的起点。

勇于负责的精神是一种全力以赴、善始善终的工匠精神。一旦这种精神主宰一个人的心灵，融入一个人的个性中，它就会影响这个人的行为和气质。这也是一种对自己负责、高度自律的特质。

二、对结果负责就是对自己负责

对个人而言，任何伟大的人生都是每天结果的累加。没有每天的积累，就没有伟大的成就。

结果是什么？结果是行动的落实、目标的实现、任务的达成，是赢得胜利、取得成功的标志。一次没有结果的行动是无效的，是没有价值的；而一次与目标相反的结果则是具有破坏性和毁灭性的，会毁掉一个企业。勇于对结果负责任，才能确保每一次任务、每一个行动都具有实际效用和价值。

对结果负责的人，就是对自己负责、对工作负责的人。所有优秀的人都有一个共同的特点，就是对自己负责。

许多人说："结果并不重要，重要的是过程。"这是一种非常虚的观点，怀着这种所谓的"超然"心态去做事，其结果只能是失败。

可以说，人们对于成功的定义见仁见智，而失败却往往只有一种解释。失败就是一个人没能达到他所设定的目标，而不论这些目标是什么。

威廉和布鲁斯是同一天被招进一家超市工作的。起初，两个人都一样，从最底层干起。可不久，威廉就受到总经理的青睐，一再被提拔，从普通员工到领班，直到部门经理，几乎是平步青云。而布鲁斯却像被人遗忘了一般。

终于有一天，布鲁斯忍无可忍，向总经理提交辞呈，并痛斥总经理用人不明，不提拔辛勤工作的人，反而提拔那些拍马屁的人。

总经理耐心地听着。他了解这个小伙子，工作认真并且肯吃苦，但似乎缺少了点什么。缺什么呢？三言两语也说不清楚，说清楚了他也未必心服，看来……他忽然有了一个主意。

"布鲁斯先生，"总经理说，"你马上到集市上去看看今天有什么卖的。"

布鲁斯很快从集市回来说："集市上只有一个农民拉了一车土豆在卖。"

"一车大约有多少袋？"总经理问。

布鲁斯又跑去，回来说："有十袋。"

"价格多少？"

布鲁斯再次跑到集市上。

总经理望着跑得气喘吁吁的布鲁斯说："请休息一会儿吧，看看威廉是怎么做的。"说完，叫来威廉，对他说："威廉先生，你马上到集市上去，看看今天有什么卖的。"

威廉很快从集市回来了，汇报说：“到现在为止，只有一个农民在卖土豆，有十袋，价格适中，质量很好。”他带回几个土豆让经理看。又说：“这个农民过一会儿还有几筐西红柿要卖，价格也很公道，可以进一些货。”他不仅带回了几个西红柿样品，而且把那个农民也带来了。他现在正在外面等着回话呢。总经理看了一眼红了脸的布鲁斯说：“请他进来。”

（资料来源：潘鸿生著《将来的你一定会感谢现在拼命的自己》，有改动）

这两个人，一个是机械地办事，为了完成任务而工作；一个是竭尽所能地办事，努力争取好的结果。显然，工作态度不同，结果就不同。这个“结果”不仅包括工作的结果，也包括个人的前途。

所以，态度不等于结果，完成任务并不等于负了责任，真正的负责任是对结果负责。在职场中，完成任务与完成结果是两件事情。只有对结果负责，让结果完美，才是真正地完成任务，才是真正地获得业绩。很多时候，人们之所以没有取得理想的结果，不是因为能力不足，而是因为缺少对结果负责的意识。

2024年2月20日，第十四届冬季运动会自由式滑雪青年组女子障碍追逐赛八进四比赛现场。18岁的黑龙江运动员李雪莹，在赛道上不慎摔倒，左侧膝关节受伤了。忍着剧烈的疼痛，李雪莹凭借着超强实力和惊人毅力坚持完成了剩下的比赛，并取得该项目金牌。

看到受伤后的李雪莹第一个冲过终点线，教练李洋和队医马上跑了过去。和比赛名次相比，他们更关注李雪莹的受伤情况。经过查验，伤情初步诊断为左侧膝关节前交叉韧带断裂。

自由式滑雪是属于勇敢者的项目，要求运动员具有出色的滑行速度和平衡能力，对运动员的膝关节要求极高。面对猝不及防的伤情，教练和工作人员都建议李雪莹停赛接受治疗。然而，李雪莹却坚定地摇了摇头：“打支撑带，我坚持得住，后面还有决赛呢，抓紧时间。”

坐在雪地上的李雪莹咬牙忍痛催促着队医。大家的劝阻无法阻挡她心中对胜利的渴望，这份渴望源自她进入黑龙江省队8年来的刻苦训练，更源自她勇敢坚韧的执着性格。经过简单处置后，李雪莹步履蹒跚地来到了决赛的出发点。

随着决赛出发信号的响起，李雪莹撑起雪杖，掌控着脚下的滑雪板，再次滑行在雪道上。决赛中，选手们要完成空翻转体下落、高速滑行、障碍通过等一系列高难度动作。任凭左膝伤势干扰，李雪莹屏气凝神，牢记动作要领，渐渐找回比赛的状态。上段、中段、下段，李雪莹全部平稳通过，渐渐建立起领先优势。终于，李雪莹第一个冲过决赛终点线，夺得金牌。

冲过决赛终点线的一刹那，这个性格倔强的姑娘终于难抑眼中泪水，放声哭了起来。

站在最高的领奖台上，现场观众纷纷向这位姑娘投来钦佩的目光。手捧金牌和吉祥物的李雪莹开心得像个孩子。在这场比赛中，李雪莹用自己的勇敢与坚韧，展现出了体育人的良好形象。

（资料来源：光明网《比赛中受伤，靠单腿夺冠！龙江运动员李雪莹顽强书写“十四冬”赛场传奇》，有改动）

李雪莹心中装的不是成败，而是结果，就是必须完成比赛。无论结果好坏，她都要给省队、给自己一个问心无愧的结果。

其实，对结果负责，就是对我们的工作负责，就是对我们的价值负责。

美国著名演说家和作家亨利·沃德·比彻曾经说过，一次航行的成功，不是离港起航，而是归航入港。结果永远都是最重要的，对结果负责才是真正的负责。无论过程多么完美无缺，如果没有完美的结果，那就是 100% 的不负责任。如果要想成为一名优秀的员工，就一定要树立负责意识，在问题面前把自己的潜能发挥到极致，进而创造出实实在在的业绩，真正对结果负起责任。

放眼望去，那些在工作中关注结果的人，生命价值得到了体现；那些对结果负责的人，人生价值更是得到了提升。所以，从现在开始，让我们对结果负责。

三、对自己的人生负责，是对其他一切事情负责的根源

我们活在世上，不免要承担各种责任，小至对家庭、亲戚、朋友的责任，大至对国家和社会的责任。除此之外，我们还有一项根本的责任，便是对自己负责。

在某种意义上，人世间的各种责任都是可以分担或转让的，唯有对自己的人生的责任，是一丝一毫都依靠不了他人的，只能完全由自己来承担。

一个人唯有对自己的人生负责，建立了真正属于自己的人生目标和生活信念，才可能自觉地承担起对他人和社会的责任。正如歌德所说：“责任就是对自己要求去做的事情有一种爱。”因为这种爱，所以尽责本身就成了生命意义的一种实现，就能从

中获得心灵的满足。相反，一个不爱生活的人，怎么会爱他人和爱事业？一个在生活中随波逐流的人，怎么会坚定地负起生活中的责任？对自己人生不负责的人，往往把尽责看作外加的负担而勉强承受，或是看作纯粹的付出而索取回报。

我们活在世上，必须知道自己究竟想要什么，知道自己的责任所在。如果一个人能对自己的人生负责，那么在其他一切社会关系上，他对自己的行为都会有一种负责的态度。

知识拓展

当今国际发展趋势下工匠精神的本质

工匠精神的本质是一种追求卓越和专业品质的态度和价值观。它强调个人对工作的热爱和专注，以及对细节和品质的追求。工匠精神的本质在当今国际发展趋势下，得到了进一步的拓展和重视。

首先，在全球化和信息技术的快速发展下，市场竞争日益激烈。消费者对于产品和服务的要求越来越高，他们更加注重品质和个性化。在这样的背景下，工匠精神成为企业和从业者不可或缺的竞争优势。通过追求卓越的品质、关注细节和持久的创新，工匠可以满足消费者的需求，获得市场的认可和美誉度。

其次，在可持续发展的背景下，工匠精神强调了资源的有效利用和环境保护。工匠更注重使用环保材料、精细制造产品和减少废弃物的产生。他们注重生产和消费的可持续性，以满足以人为本、环保可持续的国际发展趋势。

最后，工匠精神也与个人发展和幸福感密切相关。随着人们对于工作意义和满足感的追求，工匠精神为个人提供了一种更有价值和有意义的工作方式。工匠通过专注、创新和持久地努力，不仅能提升自身的技能和知识，还能创造出有意义的成果，获得更高的工作满意度和幸福感。

总而言之，工匠精神的本质既体现了对卓越品质的追求，也与市场需求和可持续发展趋势相契合。在当今国际发展趋势下，工匠精神扮演了重要的角色，不仅为企业带来竞争优势，也推动了个人的成长和自我实现。

阅读思考

1. 谈谈你对“一个人首先要对自己负责，才能对社会负责”这种观点的看法。

2. 你觉得这个社会需要负责任的人吗？为什么？

任务实践

学习完本项目的内容后，认真完成表 2-1 的实践清单。

表 2-1　实践清单

谦虚低调的工匠精神实践	
实践任务	选择一个具体的职业或领域，通过实践活动展现踏实努力和谦虚低调的工匠精神。
实践目标	（1）学会扎实工作，不断提升自己的职业素养和技能水平。 （2）保持谦逊、真诚，善于倾听他人建议并乐于分享自己的经验。 （3）通过实践活动，提高在该职业或领域中的专业能力和工作效率。
实践步骤	（1）选择职业或领域。 确定感兴趣的职业或领域，如厨师、工程师、艺术家等。 （2）学习专业知识。 深入学习该职业或领域的相关知识，包括基础理论、实践技能等。 （3）实践锻炼。 通过实际工作、实习、项目实施等方式进行实践锻炼，提高自己的实践能力和经验。 （4）踏实勤奋。 在工作中保持踏实勤奋的态度，尽职尽责地完成工作任务，注重细节和质量。 （5）谦虚低调。 与他人合作时，虚心倾听他人的意见和建议，在学习和交流的同时，亦分享自己的经验。
实践提示	（1）职业成长是一个不断学习的过程，应保持持续学习的态度，不断提升自己的专业能力和知识储备。 （2）及时进行反思和总结，发现不足并加以改进，为自己的职业发展积累经验。 （3）在追求踏实努力的同时，也要注意生活与工作的平衡，保持身心健康，提高工作效率和品质。
实践总结	

实践评价

完成以上实践后，认真完成表 2-2 的实践评价。

表 2-2　实践评价

评价内容	分值	得分
参与实践的积极性、主动性	25	
独立思考能力	25	
创新能力	25	
对工匠精神本质的理解程度	25	
教师点评：		

第三单元

传世典范——解读工匠之道

【单元导读】

工匠之道强调细节、专业、忠诚与能力。优秀的工匠专注于工作、追求专业、精益求精。他们重视细节，相信细节决定成败。他们注重忠诚与能力，追求成长与进步。他们有毅力、决心，能坐冷板凳、挑战自我、勇于创新。

【学习目标】

◎ 知识目标

（1）了解做事先做人的原因。

（2）学习如何做人。

◎ 素质目标

（1）追求卓越是工匠之道的核心特征。培养扎实的工作态度，不断追求优质的成果，追求卓越的品质。

（2）在做事过程中注重细节，追求完美。将每个细节都做到位，以确保最终制作出完美的作品。

（3）坚持渡过难关，不怕困难和挑战。在遇到困难时坚持下去，并从挑战中寻找成长与进步的机会。

【思政目标】

（1）培养对组织、团队和工作的忠诚精神，始终保持对事业的热情和奉献精神。

（2）承担起自己的责任，勇于承担挑战和压力，做到对自己、对他人、对社会负责。

（3）在工匠之道中，独辟蹊径和创新思维是重要的品质。培养独立思考、勇于创新的思维方式，为社会进步贡献智慧和力量。

第一节　做人与做事

一、做人与做事的关系

岁月悠悠，人的一生中最重要的事，一是做人，二是做事。人生一辈子，要实实在在地做成几件事情并不容易，而要堂堂正正地做好一个人就更难。一个人如果做事先做人，做人先立德，掌握了做人的原则和做事的艺术，善于把“会做人”和“能做事”有机地统一起来，就能够成就人生，发展事业。我们常常听到有些人说他要做什么，几年之内一定要做到怎样，但是稍有不如意就怨天尤人，甚至总希望不劳而获。如果目标没有达成，他们就到处找客观原因，却忘了，一个人要想成事，真正的力量在自己身上。

二、做事先做人

1. 做人是做事的起点

世界上没有或者几乎没有完全由一个人独立完成的事情。从我们与他人见面、说出第一个字开始，就是在做人了。从最基本的待人接物，到洞察世事、人情练达，无不考验着做人的功底。从功利的角度而言，做人就是展示自己并解决与人交流、沟通中的问题，建立最有利于达到目标的人际关系。既然任何有意义的事情都是在与人的联系中推进并完成的，那么做人对于做事的重要性也就不言而喻了。也许有人认为，做事靠的是能力，跟做人能有多大关系呢？只要你有一定的社会阅历，你就会很快明白，个体要单独做成一件事情有多难。如果再没有人支持，做事将会难上加难。

做事先做人，这是亘古不变的道理。如何做人，这不仅体现了一个人的智慧，也体现了一个人的修养。我们从小到大，对做人的道理耳熟能详。然而，品性优劣却人各有异，做事的结果也大相径庭。任何失败者的失败都不是偶然的。同样，任何成功者的成功都有其必然性。其中，最重要的一个因素就在于怎样做人。

杨绛是中国著名的作家、翻译家、剧作家和学者，她的著作《洗澡》等深受读者喜爱。她不仅是一位杰出的作家，还是一位深受人们尊重的思想家。她的一生都坚持着对自己、对社会和对他人的做人理念，这些理念对她的个人发展产生了深远的影响，同时也影响了许多读者和粉丝。

杨绛始终认为，人在世上最重要的是自己的修养和人品。她强调细节和微小的表现对于个人的修养和人品有着深刻的影响。在她的著作中，她讲述了许多生活中的琐事，如如何煮鸡蛋、如何打理花园、如何穿衣服等。通过这些细节的描写，她向读者展现了她作为一个人的内在修养和良好的品质。

除了个人修养和人品，杨绛的做人理念也强调了对社会和他人的责任。她曾经说过："一个人能给社会和他人带来的最大价值，是他自己。"她鼓励人们要珍惜自己，发挥自己的潜力和价值，同时要尽自己的能力去帮助他人和社会。她的这种做人理念让她成了一个具有影响力的公众人物，鼓舞和启迪了很多人。

杨绛的做人理念对她的个人发展产生了深远的影响，同时也通过她的著作和人格魅力影响了许多人。通过她的一生，人们可以学习到如何提高个人修养、如何对待他人、如何承担社会责任和如何充分发挥自己的潜力等方面的精神和技能，这对个人的发展和社会的进步都有着积极的意义。这个案例向我们说明，一个人的做人理念对自身和他人都有着深远的影响，要注重自己的"做人"修养，才能在个人发展和社会建设中贡献更多的力量。

世间技巧无穷，唯有德者可驭其力；世间变幻莫测，唯有人品可立一生。这就是一个成功人士或期望成为一个成功人士的人应具备的优秀品质。

《左传》记载："太上有立德，其次有立功，其次有立言，虽久不废，此之谓不朽。"意思是说：最上等的是确立高尚的品德，次一等的是建功立业，再次一等的是著书立说。如果这些都能够长久地流传下去，就是不朽了。此处所说的"立德"，便是指会做人，拥有好人品。

2. 好人品是人生的桂冠和荣耀

好人品是一个人最宝贵的财富，是一个人信誉方面的全部财产。好人品使一个人更容易获得别人的信任，这种信任是人际交往、工作合作以及社会关系的基石。

品行不佳的人会丧失很多机会。管理学上有一种"中庸"理论，意思是说：任何一个稳步发展的组织，其成员都可划分为三个档次，首先是德才兼备，其次是德高才重，最后是德才中等。唯一不可用的是有才无德之人，因为这样的人极其危险。正如《三国演义》中的吕布，能征善战，英勇无敌，但品格低下。他先认丁原做义父，然后杀丁原；后认董卓做义父，然后负董卓；最终被曹操抓起来，曹操再也不敢用他，只得把他杀掉。

无论你是用人还是为人做事，都要牢记“做事先做人，拥有好人品”这句箴言，好的人品将有助于你走上成功之路。

做人的成败与做事的成败密切相关。美国哈佛大学著名行为学家皮鲁克斯曾有一句名言：“做人是做事的开始，做事是做人的结果。把握不住这两点的人，永远都是边缘人。”的确，只有精通做人的道理，经受做人的历练，才能胸怀大志、心装大事，才能通过健全的心智、充沛的精力、正确的行动，求得事业的成功。

三、如何做人

1. 做个有志向的人

毛泽东说过：“自信人生二百年，会当水击三千里。”拿破仑也曾经说过：“不想当将军的士兵不是好士兵。”

这些名言就是告诉我们：做人应该有信仰，应该有信心。信仰是引导我们走向成功的航灯，自信是我们达到人生顶峰的动力。美好的前途来自自强、自立、自信，不达目的不罢休，咬定青山不放松。打垮自己的往往不是别人而是自己，不要把一次的失败看成人生的终点。逃是懦弱的，避是消极的，退就显得更加无能。成功的道路得靠自己闯，做人有困惑，做事有困境，世上没有一帆风顺的事，只有凭借顽强的毅力，才能达到成功的彼岸。

成功时，不要醉倒；失败时，不要灰心丧气，不要怨天尤人；面对“山重水复”的关卡，唯有勇往直前，持之以恒，用信心去克服一切困难。想成就一番事业，就要勇于干大事、揽难事。立志向、树目标，人生才有行走的方向。心在哪里，路就在哪里。有了志向，才有做人的本事、气魄和胆略。所以，做人需要问问自己的志向在哪里，要问问自己有没有信心。

2. 做个善良的人

“人之初，性本善。”善良是人性光辉中最温暖、最美丽、最让人感动的品格。人不一定都能成功，也不一定都能成为英雄豪杰，但一定要善良。善良是和谐、美好之道，心中充满善良，才能感动、温暖人间。没有善良，就不可能有内心的平和，就不可能有世界的祥和与美好。爱是基本的善良情感，遇到乞讨者，我们就施舍他点钱；遇到老、弱、病、残及孕妇，我们就主动让座；遇到迷路的小孩，我们就把他送回家，为他指引方向。一个微笑、一个简单的动作、一句发自内心的问候，对我们而言并不难做到，却可能因此帮助他人走出困境。一切人、一切事物都是相连的，在施与他人的时候，实质是在利于自己；当伤害另一个生命时，实质是在伤害自己。

所谓善良，无非就是拥有一颗爱心、同情心，不害人、不坑人、不骗人。有了善良的品性，就有真心爱父母、爱他人、爱自然的基础和可能。一个善良的人，就像一盏明灯，既照亮了周围的人，也温暖了自己。善良无须灌输和强迫，只须相互感染和传播。做人不一定要顶天立地、轰轰烈烈，但一定要善良真诚。

3. 做个有教养的人

中国非常讲究修身养性，崇尚道德。五千年来，无论世事如何变化，勤俭、忠义、谦让、孝顺都是亘古不衰的美德，古圣先贤更视之为传家宝。小事业的成功靠机遇，中事业的成功靠能力，大事业的成功就要靠品格、看操守。大凡成功的人，往往都是德行高尚的人。

所谓有教养，就是知深浅、明尊卑、懂高低、识轻重、讲规矩、守道义。有教养的人，往往不以术而以德，不以谋而以道，不以权而以礼。有教养的人在独处时，超脱自然，会管好自己的心；在与人相处的时候则为他人着想，与人为善，淡然从容，会管好自己的嘴。方圆做人，圆通做事，宁静致远，自我反思，则事事放心、顺心。所以，做人要问问自己是否有教养。

4. 做个乐观的人

人到世间，不是为苦恼而来，所以不能天天板着面孔，整日忧愁、悲伤、苦恼、失意，这样的人生没有乐趣。世上没有绝对幸福的人，只有不肯快乐的心。世界像一面镜子，你对它笑，它也对你笑；你对它哭，它也对你哭；你心平气和，它就还你一个心平气和；你气势汹汹，它就还你一个横眉冷对。乐听赞美，不喜他人的批评；心向名利，不想失去它们，这种心态只会像锁链一样囚住自己。只有超越它们，才可体验自在与快乐。

拥有一颗快乐之心，见到的就是一个值得欢欣的世界；心中满是忧伤，见到的就只能是一个充满悲哀的世界。与其对不能得到的耿耿于怀，倒不如对已经拥有的满怀感恩。快乐不在心外寻求，只能在心内寻得，心中平和、满足、快乐，哪怕身处困境，一样可以悠然自在。存好心，做好人，欢喜满心，愉悦映脸，乐观向上。人生苦短，与其事事剑拔弩张，不如学着“幽它一默”。

5. 做个宽容的人

海纳百川，靠的是宽容的心。做人做事，心胸不可太狭隘。尺有所短，寸有所长，金无足赤，人无完人。赏识别人的优点，包容别人的不足，靠的是爱人之心、容人之量。为你的仇敌而怒火中烧，烧伤的只能是你自己。咽不下一口气，就恶言相向；受不了他人的春风得意，就嫉妒、诬陷。这样的人生只能昏暗无光，路会越走越窄。对人间的是非、善恶、喜乐，世道的好坏、冷热、荣宠，都放宽心胸，坦然接受，路才会越走越宽。

宽容不是懦弱、退缩的压抑，而是一种忍辱负重的大智大勇，是识时务、敢担当、懂化解的通融。为他人着想，是为自己铺路，宽容不是纵容，晓之以理，动之以情，考虑的是别人的自尊和承受度。善待别人，就等于善待自己。无论你在生活中受到怎样的伤害，都不必愤愤不平、耿耿于怀、怀恨在心；而要学会忘记，忘记是对自己最好的保护。此外，还要学会感恩，感谢生活给你经历磨砺的机会。心灵充满阳光，生活自然灿烂。

6. 做个实在的人

踏踏实实做人，实实在在办事。把双手插在口袋里的人，永远爬不上成功的阶梯。多一些努力，便多一些成功的机会。天道酬勤，不要只耍嘴皮子，不要好逸恶劳。皇天不负有心人，尽心尽力、尽职尽责，才能成就大事业。从不获胜的人很少失败，从不攀登的人很少跌跤。要想知道成功的滋味，就得敢闯敢干、少言多行；决而不断、断而不行，必然贻误时机。小事不想做，大事必然做不了，对工作拈轻怕重、好高骛远，很难成就一番事业。先扫一屋，才能扫天下，要从自我做起，从现在做起，从小事做起，从点滴细节做起。做老实人，讲老实话，干老实事，这才是长久和根本。

7. 做个有智慧的人

有知识不等于有智慧，知识积存得再多，若没有智慧，不会应用，知识就失掉了价值。知识是静态的，人有了知识，还要明白如何正确地将所掌握的知识在实践中加以应用。智慧是头脑的智能，是一种洞察力和判断力。有勇气能改变可以改变的事情，有胸怀能接受不可改变的事情，而有智慧却能分辨出何时能改变、何时不能改变，知道什么时候“为”、什么时候“不为”。知道你在做什么事、知道热爱什么样的事、知道能把什么事做成什么样，这就是智慧。只有方向，而没有智慧，那么方向本身是没有意义的。智慧有时就是一种权衡和折中。用中庸拒绝极端，用理智分析情景；用务实发挥影响，用冷静掌控抉择；用自觉端正态度，用学习积累经验；用勇气放下包袱，这就是智慧的显现。对弱者，只关心还不够，要帮助；对下属，只公正还不够，要善待；对别人的失误，只原谅还不够，要忘记；对自己的未来，只梦想还不够，要行动。空才能生慧，学才能生智，心宁智生，智生事才成。每一个人都有值得尊重及学习的地方，慈悲之人教授慈悲之道，横蛮之人教授忍辱之道。如果一个人缺少智慧，又不愿意流汗，那么何谈成功？

8. 做个正直的人

做人要正直，做事要正派。堂堂正正、公公正正，才是立身之本、处世之基。身正不怕影斜，脚正不怕鞋歪，身正心安魂梦稳。品行端正，做人才有底气，做事才会硬气。心底无私天地宽，表里如一襟怀广。襟怀坦荡，光明磊落，就会赢得他人的信赖与尊敬。己不正，何以正人？正直的人不谋私、不贪利、不文过饰非、不偷奸耍滑、不阿谀奉承、不溜须拍马、不阳奉阴违，平等待人，公正处事。说话有根有据，该说的就说，该做的就做，说的都是真话，做的都是正事。心术不正、故弄玄虚、口是心非，用心计、耍手腕，当面一套、背后一套，台上说君子言、台下行小人事，何谈主持公道、伸张正义？所以，做人一定要走得直、行得正、坐得端。

9. 做个谨慎的人

智在于治大，慎在于畏小，一次深思熟虑胜过百次草率行动。千里之堤，溃于蚁穴，细微之处不可不慎。恭为德首，慎乃行基，谨慎是“不糊涂”的基础。一个处事谨慎的人，必然是头脑清醒的人，必然在大是大非面前不糊涂。人生在世，有招来灾祸的言语，有招来耻辱的行为。要建功立业，当然要格外谨慎。低调做人，虚心做事，慎而思之，勤而行之。处顺境就飘飘然、扬扬得意，遭挫折就怨天尤人、牢骚满腹，必定难成大器。“常在河边走，就是不湿鞋”，看的是你的功力和定力。低下头的时候，也要学会抬头看看天。静观默察，心如止水，谦虚谨慎，则事易成。谨慎也是远离危险、确保安全的良方，靠谨慎比靠鲁莽更能制胜。只有谨慎，才能稳操胜券。

即使做到以上九条，也并非就是十全十美的人。人非圣贤、完人，怎能无瑕疵，怎能无遗憾？面面俱到、全能全智的人，从古至今，未曾有之。但世间只有想不到的事，没有做不到的事。我是谁？我怎样做人？我能干什么？我做得怎样？我要到哪里去？在漫长的人生旅途，我们必须时时问问自己、叮嘱自己，给自己亮起一盏心灯，磨砺自己，这样才能把人做好，把事做好。

知识拓展

关于做人与做事的名人名言

1. 做人

谦虚使人进步，骄傲使人落后。——毛泽东

勿以恶小而为之，勿以善小而不为。——《三国志》

善良人在追求中纵然迷惘，却终将意识到有一条正途。——《浮士德》

仰不愧于天，俯不怍于人。——《孟子》

悲观的人虽生犹死，乐观的人永生不老。——拜伦

2. 做事

锲而不舍，金石可镂。——《荀子·劝学》

故立志者，为学之心也；为学者，立志之事也。——王阳明

成功的秘诀，在永不改变既定的目的。——卢梭

命运，不过是失败者无聊的自慰，不过是懦怯者的解嘲。人们的前途只能靠自己的意志、自己的努力来决定。——茅盾

科学是非常爱妒忌的，科学只把最高的恩典赐给专心致志地献身于科学的人。——费尔巴哈

四、工作和生活中存在的几种不良思维

在工作和生活中，有三种常见的思维方式，它们是阻碍我们成就人生价值的大敌。它们就是交差思维、差不多思维和走捷径思维。

1. 交差思维

领导交代我的，我都做了；草草完事，从不关心做事的品质与成果，这就是交差思维的体现。

在一家建筑公司，老工程师找到总经理，说他已经到了退休年龄，请总经理批准他退休。总经理想了想，问他能否帮助公司再建一座房子再走，老工程师回答说：“可以。”但是，在接下来的工作中，老工程师的心思已不在工程上，所以无论是选料还是监督，他都是无所谓的态度。

房子建好了，总经理指着房子郑重地对老工程师说：“这是你的房子。”

老工程师惊得目瞪口呆。总经理接着说："这是公司送给你的礼物。"老工程师非常懊悔："如果早知道是建自己住的房子，我就不会这样粗心了。"

（资料来源：谷燕著《工匠精神在产品设计中的传承创新研究》，有改动）

很明显，这个老工程师是典型的因为交差思维而吃了大亏的人。他不明白，工作不是为公司做事，更不是为上司做事，工作中的每一分努力都是为自己付出。这个道理很多人都知道，也都会说，但真正到了工作的时候，往往还是会不自觉地出现"交差"的情况。

2. 差不多思维

在工作中认为差不多即可，没有精品意识和精益求精的精神。

胡适先生曾经写过一篇名为《差不多先生传》的文章，文中的"差不多先生"可以看作差不多思维者的典型形象。差不多先生是这样的："他有一双眼睛，但看得不很清楚；有两只耳朵，但听得不很分明；有鼻子和嘴，但他对于气味和口味都不很讲究。他的脑子也不小，但他的记性却不太好，他的思想也不是很细密。他常常说：'凡事只要差不多，就好了，何必太精明呢？'他在一个钱铺里当伙计，做事总是不仔细，'十'字常常写成'千'字，'千'字常常写成'十'字。掌柜的生气了，常常骂他。他却说：'千字比十字只多一小撇，不是差不多吗？'差不多先生就这样'差不多'地活着，直到他快要死的时候，还断断续续地说道：'活人同死人也差……差……差不多，凡事只要……差……差……不多……就……好了，何……何……必……太……太认真呢？'他说完这句'格言'，才咽了气。"

胡适创作这篇传记题材的寓言，为的是讽刺当时中国社会那些处世不认真的人。然而，在当今社会大大小小的企业里，日常工作中"差不多思维"随处可见。比如，公司规定 9 点钟上班，总有人 9:05 到，还打趣说："就晚 5 分钟，不是差不多吗？"下午 6 点钟下班，结果 5:58 就收拾东西走人，心里嘀咕："就早两分钟，也差不多啦。"

如果我们总是怀着应付差事的心理、以差不多的思维做事，每天工作欠缺一点儿，时间一长就形成了落后的顽症。

3. 走捷径思维

生活中，很多人活在“知”的世界里，而非“觉”的世界里，就是不知道也要装知道。因为在他们看来，不知道是没有面子的、是可耻的，所以他们也没有问“问题”的习惯。“觉”需要时间，需要思考，需要否定自己的“知”，会让个体缺少自我的成就感。因此，很多人不愿意“觉”，长此以往，他们获取知识的方式、工作的方式就成了“走捷径”。“捷径”意味着“最近的路”，最近的路往往也意味着“最短的路”。捷径可以走，但很可能没走多远就已走到了尽头。这时，我们会发现从“知”到“觉”是成长的开始。

所谓捷径，就是更近、更省力的路。但是为什么别人不去走呢？显然，如果某条路没人走，通常不是因为人们不知道，而是因为根本就走不通。走捷径思维，归根到底，来源于一种侥幸心理。

俗话说，饭要一口一口地吃，事要一件一件地做。我们的确可以通过偶然取巧获得短暂的成就，但人生之路不可能永远有捷径可走。无数事实表明，急于求成、急功近利的人是成不了大器的。越是在浮躁的社会中，踏实、本分、诚信这些品德就越显得可贵。

时下，在谈到工作时，不少人都会说：“先在这里应付着干，过一段时间再说，将来想自己干。”有这种想法的人不在少数。可是，如果平时养成了对工作无所谓、应付交差的态度，当机会来临时，如碰巧被委以重任时，个人也很难有大的改变，也许机会就随之失去。所以，做人的成败与做事的成败密切相关。

做人与做事密不可分。做人是做事的根本。一个人只有精通做人的道理，经受做人的历练，做事才不会误入歧途，才能为做事赢得良好的人际支持。做事是做人的基础。一个人生活资料的获得、能力和价值的体现等都需要通过做事来实现，不做事，做人就没有内涵。做人与做事共同构成了每个人的人生。

相关研究得出了这样一个做人公式：

人生的成功 = 价值观 × 人品 × 能力。

其中，价值观是“发动机”，人品是“方向盘”，能力是“燃料”。请记住：做人是做事的开始，做事是做人的结果。

阅读思考

1. 做人与做事的关系是什么？

2. 通过本节的学习，你觉得在日常的生活学习中想成为一名什么样的学生？以后走上工作岗位想成为什么样的职员？为了达到这样的目标，在日常的生活中要如何规范自己的行为？

第二节　专注与专业

中国自古就非常重视和尊重工匠这一职业，因为他们拥有特殊的技能和知识，为社会创造了巨大的财富。《周礼·考工记》中有“国有六职，百工居一焉”，将工匠与农民、商人、学者等并列，可见工匠地位之高。工匠正是凭借高超的技艺和可贵的工匠精神赢得了社会的尊重。无论从事什么行业，专注才能专业。要想成为行业不可或缺的专业人才，要想在该行业中站稳脚跟，做出一番成就，就必须具备精湛的专业技能，而且还要以精益求精的态度不断提高自己的专业技能水平，这就是工匠精神。如果你是某一项工作方面的行家里手，精通自己的全部业务，就能赢得良好的声誉，也就拥有了成功的秘密武器。

中铁某局电务公司高级技师窦铁成，只有初中学历，但自学掌握了大量电力学知识，记下了60余本共百万余字的工作学习日记。在他工作的将近30年的时间里，他提出并实施设计变更6次，解决技术难题52个，排除送电运行故障310次，为企业挽回经济损失及节约成本1380万元，被工友们称为“电力专家”。

窦铁成在刚加入中铁某局电务公司电力工人的行列之时，就暗暗发誓：一定要当一名好电工。入职后不久，窦铁成以优异的成绩考取了中铁局电力技术培训班。仅仅用了一年时间，就成了一名熟练的电力工人。为当一名知识渊博、技能高超的合格电力工人，窦铁成又自学了《钣金工艺》《钳工技术》《机械制图》《高等数学》《电磁学》《电子技术》《电机学》等。

他虽是一名普通的电力工，但是凭借丰富的实践经验和高超的技能，在将近30年的时间里负责安装了38个铁路变配电所，而且全部是一次性验收通过、一次性送电成功。他大胆质疑进口设备的设计合理性，成功排除了变压器故障，让法国专家惊叹不已：“中国工人了不起！”在陕西省电力工人技能大赛中，窦铁成带出的高徒包揽了全省前三名，获团体冠军。在将近30年的时间里，他为企业培训180人，将知识与技能毫无保留地传授给了300多名工友；他培养的徒弟中，35人成为技师，5人成为高级技师。他因此被大家尊称为“工人教授”。

（资料来源：文君著《不懂为谁工作，你就平庸一辈子》，有改动）

窦铁成不断更新知识，追赶时代，刻苦钻研电力业务，是法国专家眼中了不起的专家员工。他只有初中功底，却要读懂大学课程，其艰辛令人难以想象。但他从未放松过，以只争朝夕的精神对电力知识孜孜以求，完成了由实干型、技能型工人向知识型工人的转变。

无论从事什么行业，要想在该行业中站稳脚跟，做出一番成就，就必须具备一定的专业技能。只有在自己的专业技能方面精益求精，才能成为本行业的尖兵。否则，别说想要树立个人品牌，就是想立足于社会也无从谈起。一个优秀的员工，应专注于自己的职业，随时注意自己的缺陷并设法弥补，不断追求专业技能上的进步。只有这样才能创造价值，才能成为本行业的品牌和尖兵。

对于泥瓦工，很多人都觉得这是一个没有太大发展前途的行业。然而，就是在这样一个不被人们看好的行业里，仅有初中学历的泥瓦工崔仑明，却硬是凭借着自己的专注与执着，将这一行业做到了极致，成为这一行业屈指可数的权威专家。

崔仑明初中毕业后，由于不想在家种田，同时为了外出挣点钱，就出去做了一名泥瓦工。当时，崔仑明所在的建筑公司是中铁集团旗下的单位，公司下属的工匠经常有出国务工的机会。有一年，公司在坦桑尼亚承接了一项水坝建筑工程，由于坦桑尼亚比较穷，各方面条件都不好，收入也不高，所以大家都不愿意去。可崔仑明却觉得这是一个难得的机会，他认为在国外也能学到一些新东西、新经验，便主动请缨。到了坦桑尼亚，本来技术一般的崔仑明却成了师傅，于是他就认真地、手把手地教当地工匠，每天都在工地上工作十几个小时。其间，他不仅积累了在热带地区施工的经验，还学会了涉外建筑施工的管理。慢慢地，他成了泥瓦工中技术过硬、善于管理的人才。

随后，崔仑明又先后被公司派往以色列、阿尔及利亚、印度和英国等地做泥瓦工，并因此积累了在沙漠等环境恶劣的地方施工的经验。

有一年，崔仑明又带领了一个12人的建筑施工小组，随我国南极国家科学考察队前往南极，这次他们的任务之一是改建熊猫码头。熊猫码头是我国南极考察站的专用码头，因年久失修，损坏比较严重，到处布满了岩石，水面上全是半米厚的冰。改建熊猫码头需要在狂风暴雪和极度严寒的条件下，在水面上施工，这在世界建筑史上都是史无前例的。为了完成任务，崔仑明身穿皮裤，带头跳入冰水中，用双手推开巨大的冰块，然后把从国内带去的预制件安装在数米深的南极冰水中。由于温度太低，每个人在水中坚持不到10分钟就得上岸。有一次，崔仑明在冰水中坚持了15分钟，上岸后，他在暖室中焐了3个多小时才缓过来。他的身上有多处冻伤，手和胳膊被冰块和预制件割得鲜血淋漓。

科考队领队魏文良心疼地批评崔仑明说："工作要干，但也不该拿自己的生命开玩笑。"崔仑明却笑着说："我身体结实得很，死不了。"经过12天的辛苦工作，崔仑明和工人们终于圆满地完成了任务。

崔仑明有如此专业的极地施工经验，并且为了完成任务不惜冒着生命危险，让附近一些外国科考站的人非常钦佩。一天，几个欧洲科考队员拦住崔仑明问："你做这么辛苦的工作，你们国家给你多少报酬？"崔仑明如实回答："月薪800美元。"法国科考队员不屑地说："如果你为我们做这样的工作，我们可以给你3万美元的月薪，怎么样？"崔仑明当即严词拒绝。但是，崔仑明"最专业的极地泥瓦工"的名声却传了出去，很多外国公司主动想办法联系他，希望他能去帮助他们搞特种施工。加拿大一家公司开出了25万美元的年薪，希望他能去靠近北极的地方，负责一个太空观测站的长年维护工作；芬兰的一家建筑公司更是开出26万美元的年薪，邀请崔仑明去做工程监理。此外，还有美国、俄罗斯等国家的几家大公司也竞相提出要高薪请他去工作。

（资料来源：张志军著《专注工作优秀员工必备的24种职业素养》，有改动）

崔仑明这个只有初中文化的泥瓦工，由于刻苦钻研业务，终于成为行业中驰名中外的专家。所以，不管做什么工作，只要你用心去做，把技术做到极致，无论从事哪一行，都能做出骄人的成绩，都能成为行业的专家。专业技能水平的高低决定了你在实际工作中能够创造价值的大小，从而也决定了你日后的成长态势。如果你对工作抱着敷衍了事的态度，不愿意潜心提高自己的专业水平，那么你就很难在工作中实现成长，获得成功。

俗话说："三百六十行，行行出状元。"如果我们能一门心思地投入我们当前所从事的行业中，也许我们就可以成为这个行业的状元。这样即使我们无法对社会做出重大的贡献，但至少在某个行业里我们可以成为一个专家，也可以在这样一个行业里成就我们的价值，在公司里稳固并提高自己的地位。

李向前，是某机务段检修车间内燃机车钳工高级技师。参加工作21年来，李向前在内燃机车机械部检修岗位上刻苦钻研、精益求精，练就了一套"锤敲、眼看、手摸、鼻闻、耳听"的检修绝活，共检修过4063台机车，出库零故障率达100%。

在机车检修库地沟内，李向前用检点锤依次敲打着一台机车走行部的每一个部件。伴随着不停地眼看、手摸、鼻闻和耳听，他熟练地判断出这台机车存在的故障。

每台机车走行部的检修，要依次检查车钩缓冲器、转向架构架、轴箱弹簧、减震器、牵引电机、齿轮箱等176个零部件，仅需要检查的螺丝和开口销就有778个；全部检查下来要俯身步行2000米、下蹲68次，过程需要六七个小时。

除了有"望、闻、问、切"的检修绝活，李向前还是一个技术创新上的能工巧匠。很长一段时间，拆卸修复的轮缘喷油器控制阀三番五次返工，耗费大量人力和工时，配件生产商不愿为一台试验装置耗费精力和财力。为此，李向前成立试验台研发小组，找来材料，加工底座、安装电源、连接风管、制作支架，经过调试，轮缘喷油器控制阀试验台诞生了。仅此一项，每年就为单位节约机车配件费用40多万元。

铁道部以他的名字成立了"李向前内燃机车钳工铁路技能大师工作室"。工作室设立以来，李向前先后带领工作室成员解决内燃机车齿轮箱漏油、抱轴瓦发热、增压器故障断网等48项技术难题，累计节约成本达700多万元。

在技术攻关、设备改造、人才培养等方面做出突出贡献的李向前享受国务院政府特殊津贴待遇，从一名中专毕业的“铁路蓝领”成长为“大国工匠”。

（资料来源：中工网《从“铁路蓝领”到“大国工匠”——记郑州铁路局洛阳机务段宝丰检修车间高级技师李向前》，有改动）

如果几经考虑选择了某一行业，就不要轻易改变自己的选择。一旦做出了选择，就要对它怀抱最高程度的热情，并为自己的选择付出 100% 的努力，使自己的专业技能日益精湛。只有这样，才能不断激发奋斗精神，才可以全力以赴地投入工作当中。也只有如此，才能在工作中获得成就感与满足感，才能不断提高自己的能力，才能使自己的成长道路更加顺畅，才能使为自己提供工作机会的企业更上一层楼。

一位成功人士在被问到成功的秘诀时说：“那很简单，就是无论你从事什么职业，都应该精通它。”如果你是工作方面的行家里手，精通自己的全部业务，就能赢得良好的声誉。

周海生，某钢铁公司主任工程师，在课堂上分享了自己的信念：“一个人不逼自己一把，就不知道自己有多么优秀。置之死地而后生，这就是生活的真谛。”他以鸡蛋为喻，强调自我突破和重生的重要性。作为技术管理工作的负责人，周海生在岗位上尽职尽责，更以精益求精的工匠精神，将个人目标与企业的生存发展紧密相连，充分展现了共产党员的先锋模范作用。

在某新区的高线项目建设中，周海生作为技术骨干，以敏锐的洞察力、勤奋的思考和刻苦的钻研精神，解决了众多提高工作效率和保证产品质量的难题。他创新性地设计了一套独特的点火方式，提高了点火的安全性和简便性，更确保了关键环节作业的安全。此外，他还成功设计出一种新型胶木瓦，有效解决了成品跨电磁吸盘行车吊运过程中的问题，每年为公司节省成本约 240 万元。

周海生的创新精神和解决问题的能力在工作中得到了充分体现。面对易切钢成品表面擦伤的难题，他通过反复研究和论证，提出了延长传动轴长度和调整自动程序的整改措施，有效解决了成品端面严重擦伤的问题。同时，他还主动承担起生产线规章制度建设的重任，带领团队完善了高线生产线的各项管理制度和操作指南。

在某新区精品线材生产线和中空钢建设过程中，周海生以高度的责任心和严谨的工作态度，及时发现并解决了现场施工质量、安装不规范等问题。他的严谨把关和与施工方的有效沟通，为精品线材生产线和中空钢生产线的按时试产和投产提供了有力保障。

作为一名共产党员，周海生在面对钢铁行业转型发展的挑战时，敢于担当。他践行工匠精神，为公司的生存和发展做出了积极贡献，充分展现了共产党员的先进性和模范作用。

当你精通你的业务，成为这个领域的专家时，你便具备了自己的优势。成功人士懂得把自己熟悉的专长发挥到极致，然后成为这个行业里不可替代的人物。

一个成功的经营者曾经说过："专注地制作好一枚针，应该比你制造出粗陋的蒸汽机赚到的钱更多。"对一个领域100%地精通，要比对一百个领域各精通1%强得多。也就是，拥有一项专业技能的人，更容易获得成功。

只有专家才是赢家，只有内行才能发展。专业技能水平对于员工在某个行业中的品牌建设具有关键性的推动作用。所以，专业技能就是成就个人品牌的敲门砖。无论你是普通工人，还是售货员，或者是医生、教师，都要以这块敲门砖来打开通往品牌道路的大门。总而言之，任何人都不可能脱离专业技能之本而空谈品牌的树立，每个人都要不断提升自己的专业技能，只有这样，才能成为本行业的品牌和尖兵。

企业也一样，大部分真正具有竞争力的大企业都专注于某一个领域：可口可乐专注于饮料，宝洁专注于日用品，箭牌专注于口香糖，等等。国内做得好的企业大多也很专注：格力专注于空调，万科专注于住宅，苏宁专注于家电零售，等等。当然，企业把一个行业做透、做好，并具备强大的核心竞争力后，也可以稳打稳扎地向外渗透。例如，云南白药在止血领域具有不可替代的品牌壁垒，现在向日用消费品延伸也做得很成功，但这种延伸是有限度的，不是随随便便就跨进另一个完全不熟悉的领域。

具体到个人，也是如此。如果一个人想同时坐两把椅子，那他可能会掉到两把椅子之间。在工作中，如果我们能选定一把椅子，用热忱的态度与专注的精神牢牢地坐稳，那么这就是我们告别平凡人生的起点。因为，唯有专注才能专业，唯有专业才能卓越。

阅读思考

1. 在学习中，如何才能做到专注、专心？
2. 专注与专业之间有何内在联系？它们对一个人的成长、成才有何帮助？

第三节 细节铸就传奇

“工匠精神”尤其注重细节，精益求精，具体来说，就是指在技术精湛的前提下，不骄傲，不满足，不得过且过，而要精雕细琢，追求完美，追求极致。一流的工匠不和别人较劲，只和自己较劲，力求做到“零缺陷工作”，这也正是我们所提倡的工匠精神。

一、杜绝粗心大意，“差不多”就是差很多

前文中提到的胡适先生写的《差不多先生》，再好不过地表现了“差不多”精神，讽喻了一些人的马马虎虎、糊里糊涂的生活态度。

“差不多”是一种消极怠慢的工作态度和人生态度，是与工匠精神相违背的，其潜伏性和危害性极大。在日常生活中，我们常常可以听到诸如“跟某某做得差不多”“干得差不多就行了”“看上去差不多一样”等话语。有些人竟把“差不多”作为自己的一句口头禅，当成了一种对待工作的态度，进而导致工作标准低下，工作业绩平平，甚至造成安全隐患，酿成事故。

某商厦曾发生一场特大火灾，导致54人死亡，70人受伤，直接经济损失达400余万元。然而，这样一起严重的事故，其直接原因竟然仅仅是一个烟头。一名员工到仓库内放包装箱时，将吸剩下的烟头掉落在地上，随意踩了两脚，在并未确定烟头已被踩灭的情况下便匆匆离开了仓库。当日11时左右，烟头将仓库内的物品引燃。恰在此时，该商厦当日保卫科工作人员违反单位规定，擅自离岗，未在消防监控室进行监控，没能及时发现火源并报警，贻误了抢险时机。当他们得知火情后，又违反消防安全管理的有关规定和本单位制定的灭火和应急疏散方案的规定，未能及时有效地组织群众疏散，致使造成特别严重的后果。

（资料来源：郑一群著《工匠精神卓越员工的十项修炼》，有改动）

虽然政府对这起特大火灾的处理已落下帷幕，但火灾刻在人们心中的印记、留给社会的思考却远未结束。表面看来，是一个小小的烟头引起了这场人间惨剧，但是寻找其根源，夺去54条生命的，不是现实中忽明忽暗的烟头，而是工作人员所持的“差不多”的工作态度；对责任和职守的疏忽，是另一个深藏在人们心中的更为可怕的烟头。

在这次事故中，那位丢弃烟头的员工何尝想将商厦这幢大楼变为废墟，又何尝想让54条生命瞬间消失？可是他应该想到却没有想到的是，他的一个小小的举动，确实把他人的生命和财产推到了危险的边缘，进而酿成了惨祸。保卫科工作人员怎会想到，自己工作中的疏忽大意为火灾埋下了如此之深的隐患，而这样的隐患竟将54条鲜活的生命引向了不归之路，令400余万元财产付之一炬。可是这些人应该想到却没有想到的是，正是他们的不负责任、漫不经心、凡事要求“差不多”就好的举动，把那些鲜活的生命推向了死亡的深渊，致使一切无法挽回。

其实，一个人是否有责任感，并不只体现在大是大非面前，而是更多地体现在小事中。试想一个连小事都不想负责的人，又怎么能担起大事上的责任呢？一个对待工作不谨慎、不细心、马马虎虎、大大咧咧的职员，又怎能完成上级布置的任务呢？

马虎、粗心、懒散、草率等，正是对工作不负责任的表现。有许多这样的员工就是因为粗心大意而失去工作的。

某年，全国小麦价格上涨，一家私营面粉厂的业务员来到小麦产区采购小麦，这时产区的一些粮库大都是待价而沽。由于经不起业务员的纠缠，一个粮库的负责人说：“粮食有的是，卖给你也行，一吨1000元，你要不要？”

这位业务员拿不定主意，他不知道在自己出来的这半个多月里全国的小麦涨到什么价钱了，于是给公司老板发电报问：“1万吨小麦，每吨1000元，价格高不高？买不买？”

老板看到电报后，生气地对秘书说：“真是乱弹琴，哪有这么高的价格，现在最高的价格也不到900元，给他发电报，就说价格太高。”

秘书赶紧跑到邮局发了个电报：“不太高。”

没几天，业务员带着签订的购销合同回来了，老板莫名其妙，追查原因才知道，秘书发电报时，“不”字的后面少了个逗号。如此一来，履行合同势必给公司带来100多万元的经济损失。后来经过多次协商，公司赔偿了对方15万元才算了事。

（资料来源：吕国荣、邹华英著《没有责任心，哪来执行力》，有改动）

当然，这位秘书不久就被辞退了，而他在当地再也无法找到工作，不得不远走他乡。“不太高”和“不，太高”就是差了一个小小的逗号，意思却相差十万八千里。

“差不多”心理是要不得的。尤其是在工作中，“1% 的疏忽就可能导致 100% 的失败”。我们必须摒弃“差不多”思维，端正态度，提升认识，强化工作责任心和使命感，绝不做“差不多”先生；重视细节，坚持每件工作“回头看”“认真改”，检查是否有漏洞和差错；自觉坚持一流标准，创一流业绩，不折不扣地执行规章制度；防微杜渐，改掉“差不多”的习惯。

只有抛弃“差不多”的工作态度，才能培养起严谨的品格，才能让自己从普通员工迈入优秀员工的行列，甚至达到更高的境界。

“工匠精神”，体现了一种价值观，可以推动一些人改变“差不多”思维，不只把工作当作养家糊口的手段，还能有对职业的敬畏、对工作的执着、对产品的负责，精益求精，追求完美。

二、一丝不苟，细节成就完美

工匠精神是严谨的、一丝不苟的。正所谓“失之毫厘，谬以千里”，无论你从事什么样的工作、扮演什么样的角色，都应从点滴入手，从细微入手，认认真真地对待每一个细微之处，把每一个细节做到位。只有这样，你才能把自己的工作做得尽善尽美。

去过北京香格里拉大饭店的人，也许都有这样的体会，那里的服务员为了给顾客留下一个美好的印象，十分注意工作中的细节。

一次，一位新加坡商人来到香格里拉大饭店用餐，很想知道所点的菜是用哪些原料做的，便向身边的服务员询问。只见这个服务员向前迈一步，看了看那道菜，然后又退后一步，才对这位客人说那道菜里用了什么原料。

新加坡商人对服务员“退后一步”的小动作很感兴趣，却又不好直接询问，便在用餐之时与香格里拉大饭店的经理交谈，提到了这个细节。经理解释说，这是饭店对服务员的要求，退后一步是为了防止说话时的唾液落入客人的饭菜中。

新加坡商人听了经理的解释，深深地被香格里拉大饭店服务的细节之处所打动。之后，每次他来北京办事，都一定要入住香格里拉大饭店。

工作是由一个又一个细节构成的，工作中认真对待每一个细节、每一件小事，最终往往会聚沙成塔，成就大事。

再细微的工作也有其存在的意义，每一个过程也都会在自然而然中成就另一个过程。只有环环相扣，在平时注重每一个工作细节，整个工作最后才能呈现出一幅完美和谐的图景。那些善于关注细节的员工，往往能在工作中取得非凡的成就。

把每一件事做到完美的程度，必须付出你所有的热情和努力。完美的细节体现出一种专业化的品质，而只有具备了专业化训练和精益求精精神的人，才能铸造工作中的完美结果。

不要忽略小事、细节，更不要讨厌小事，只要有益于自己的工作和事业，无论什么事情，我们都应全力以赴。用小事堆砌起来的事业大厦才是坚固的，用小事堆砌起来的工作才是真正有质量的工作。细微之处见精神，有做小事的习惯，才能产生做大事的气魄。

所谓“不积跬步，无以至千里；不积小流，无以成江海”，成功就是一个不断积累的过程。对待工作，我们应始终保持高度的注意力和责任心，始终具有清醒的头脑和敏锐的判断力，能对每一个变化、每一件小事迅速做出准确的反应和决断。要具备一种锲而不舍的精神、一种坚持到底的信念、一种脚踏实地的务实态度。

看不到细节或者不把细节当回事的人，对工作缺乏认真的态度，对事情只能是敷衍了事。这种人无法把工作当作一种乐趣，而只是当作一种不得不受的苦役，因而在工作中缺乏热情。他们永远只能做别人分配给他们的工作，甚至即便这样也不能把事情做好。而考虑到细节、注重细节的人，不仅认真对待工作，将小事做细，而且注重从细节中找机会，从而使自己走上成功之路。所以，一心渴望伟大、追求伟大，伟大却杳无踪影；甘于平淡，认真做好每个细节，伟大却不期而至。这就是细节的魅力，是水到渠成后的惊喜。

三、细节决定成败，不放过每一个细微之处

工匠精神的核心是精雕细琢、精益求精、执着追求完美的精神。纵观中国传统文化，其中不乏榫卯结构、都江堰水利工程等饱含工匠精神的作品。在制造业发达的当下，工匠精神是制造业的灵魂，一件产品无论其价值大小都会被匠人们精雕细琢，他们不会容忍出现质量瑕疵。说到底，工匠精神就是把事做好、做正确，尤其是把细节的东西做好。

在他的手中，焊枪是针，弧光是线；他追寻着焊光，在火箭发动机的“金缕玉衣”上焊出了一片天。他就是某航天科技集团公司特种熔融焊接工、火箭发动机焊接车间班组长、国家高级技师——高凤林。

人们称高凤林为“金手天焊”，不仅因为他焊接的对象十分金贵，是有火箭“心脏”之称的发动机；还因为他在火箭发动机焊接专业领域达到了常人难以企及的高度。“金手天焊”是高凤林技艺高超、屡屡攻克焊接技术难关的写照，更是新时代航天高技能工人风采的体现。

38 万千米，是“嫦娥三号”从地球到月球的距离；0.16 毫米，是火箭发动机上一个焊点的宽度。0.1 秒，是完成焊接允许的时间误差。在中国航天领域，53 岁的高凤林的工作没有几个人能做得了。

焊接这个手艺看似简单，但每一个焊接点的位置、角度、轻重，都需要经过缜密思考。在“长征五号”火箭发动机的喷管上，就有数百根几毫米的空心管线。管壁的厚度只有 0.33 毫米，高凤林需要通过 3 万多次精密的焊接操作，才能把它们编织在一起；焊缝细到接近头发丝，而长度相当于绕一个标准足球场两周。

高凤林说，在焊接时得紧盯着微小的焊缝，一眨眼就会有闪失。“如果这道工序需要十分钟不眨眼，那就十分钟不眨眼。”

高凤林的专注来自刚入行时的勤学苦练，航天制造要求零失误，这一切都需要从扎实的基本功开始。发动机被称为火箭的心脏，对于焊接工作而言，一点儿小小的瑕疵可能就会导致一场灾难。因此，焊接不仅需要高超的技术，更需要细致严谨的态度。

动作不对，呼吸太重，都会导致焊缝不均匀。从姿势到呼吸，高凤林从学徒起就接受最严苛的训练。戴上焊接面罩，这只是一个普通的操作动作，但是对高凤林而言，却代表了进入一种忘我的状态。

高凤林对人生价值的追求，见证了中国走向航天强国的辉煌历程。

（资料来源：国际在线《火箭“心脏”焊接人——高凤林》，有改动）

凡成大事者都必须从小事做起，注重每一个细节问题。拿破仑说过：“从成功到灾难，只有一步之差。我的经验是，每一次危机中的一些细节往往决定全局。”细节就像一粒沙、一滴水，把工作中的细节做好、做透，日积月累，才能建筑成功的大厦，才能成就伟大的事业。

在社会发展高速运转的时代，人们对工作的完成情况要求更高、更具体。追求最大的工作效率和最高的工作效益，已经成为时代的要求、人们的共识。这就需要我们在工作中“细”字当先，围绕如何达到最高效益的目标来考虑问题、开展工作，周密地、一丝不苟地做好每一项工作中的每一个环节，汇聚无数个高质量的小细节，最后达到更高层次的工作水平。只有将问题考虑周全，将工作做细致，才能赢得工作的主动权，从而实现最大的工作效益，并使自己的能力在工作中得到提高，不断创造出优秀的工作业绩。

“细节决定成败”是当今工作中流行的一句名言。细节是专业，注重细节是工作态度。我们已经生活在“细节经济”的时代，打造完美细节已经成为企业竞争最重要的表现形式。古人尚提倡“天下大事，必作于细”的理念，在如今普遍缺乏工匠精神的年代，我们更应取其精华，在做事中注重细节，在标准上精益求精。

四、把细微的小事做到完美

工匠精神，不仅是一种对工作成果的极高追求，也是对自我价值的最高追求，这背后展现出的追求过程就是将细节做到完美。对工匠而言，即便是再简单不过的工作，也要把它做到完美至极，这种工作态度对所有职场人来说也是十分重要和必要的。所谓“一花一世界”，把细微的小事做到完美、做到极致就是大事。

细节来自用心。认真做事才能把事情做对，用心做事才能把事情做好。成功者的共同特点就是善于发现常被人们忽视的细节，能把每一件小事做到完美。我们在工作中所做的都是一些由细节构成的小事，只有具备高度的敬业精神、良好的工作态度，认真对待工作，将小事做细，才能在细节中找到创新与改进的机会，从而不断提高工作效率。

建安六年（201），司马懿被任命为河内郡的上计掾，这一职位在当时的士族眼中并不被看好。好友胡昭亦以此调侃他，问他是否愿意从事这样的职务。然而，司马懿却秉持着“尽小者大，积微者著”的理念，认真对待每一项工作。

他深入辖区，仔细登记人口，整理成册，以便更好地管理。同时，他还协助郡守核实财政状况，力求开源节流，用于兴修水利。对于百姓的诉求，无论大小，他都尽力解决，展现出了卓越的政务能力。

司马懿在任职期间，始终保持着对工作的敬重和认真，不因职位低微而敷衍塞责。他的工作成果得到了郡守的认可，并因此被推荐给上层领导，被誉为有王佐之才。他的名声逐渐传扬开来，甚至引起了曹操的注意。

曹操担任司空之职时，听闻司马懿的才华，多次派人征召他入府任职。这充分说明了司马懿在基层工作中的卓越表现以及他的才华得到了广泛的认可。

在曹操去世后，司马懿逐渐转向军事领域，开始拥有兵权。他领兵有一个与众不同的习惯，那就是每到一地，必先亲自登高绘制兵线图，并亲自考察选取耕种的地点。然后，他开垦荒地，推行军屯制度，以确保军队的粮食供应。

对于司马懿的这一做法，他的儿子司马师感到不解。他认为四方的战事尚未结束，正是建功立业的好时机，不应将时间浪费在种地这样的琐事上。然而，司马懿却坚持认为："过去箕子谈治国时，将民食放在首位。领兵作战时，兵粮同样至关重要。粮食之事虽小，却关乎战争的成败，不可轻视。"

正是这种对细节的严谨和重视，使得司马懿在领兵作战时始终能够保持充足的粮食供应，从而在与敌军的对抗中占据优势。他多次成功抵御了蜀军的进攻，最终赢得了胜利。

所有的难事都是从简单的事情开始做的，所有大事都是从细微的事情做起来的。古往今来，那些真正厉害的人，眼睛望向高处的同时，手也愿意从低处做起。地基打好，砌墙时严丝合缝，才能垒起万丈高楼。

要想开创工作的新局面，实现事业上的突破，就要学会关注细节，从小事做起，并养成处处注重细节的好习惯。这样，才能够一步步向前迈进，一点一滴地积累资本，并抓住瞬间的机会，实现工作上的新突破，同时，让自己具备越来越强的竞争力，在职场中立于不败之地。

五、忽略细节问题，会让你前功尽弃

对个人而言，工匠精神是一种关注细节、体现认真、一丝不苟的精神。比如，在石匠行业，石狮子作品体现了匠人们的细节观念。在打造石狮子前，工匠要下毛料，需要根据石料的大小、比例、纹路等，花费极大的心思和精力去设计。打造过程中讲求一丝不苟、精雕细琢，尤其狮子口中的珠子打磨，没有出众的技术和对艺术抱有不断追求完美和极致的理念，是不可能将石狮子产品制造成艺术精品的，这就是工匠将产品当艺术一样去对待的细节精神的体现。

老子有句名言："天下难事必作于易，天下大事必作于细。"意思是难事必须从容易处做起，大事必须从小事做起。其实，工作也是如此，每个人所做的工作，都是由一件件小事构成的，但不能因此而对工作中的小事敷衍应付或轻视懈怠。工作中无小事，做不好小事，就很可能会引起大麻烦。

在中国古代，黄河岸边有一个村庄，村民们为了防止水患，合力筑起了长堤。某日，一位老农发现蚂蚁窝的数量剧增，不禁担忧起长堤安全。他怀揣这份忧虑，回村向村民们报告，却在途中遇到了自己的儿子。

儿子对老农的担忧不以为然，认为坚固的长堤无须惧怕几只微小的蚂蚁。于是，他拉着老农一同下田劳作，未再理会此事。

然而，几天后，风雨交加，黄河水势汹涌，暴涨成灾。咆哮的河水从蚂蚁窝开始逐渐渗透，最终导致了长堤的崩溃。沿岸的村庄和田野被淹没，造成了巨大的损失。

这就是“千里之堤，溃于蚁穴”这个成语的典故，警示人们要关注细节，防止小疏忽引发大灾难。可见，“小事”往往牵连大事，关系全局。在日常工作中，有些事常常因“小”而被人忽视，或者因“细”而使人感到烦琐。但就是这些小事和细节，往往是工作进展的关键和突破口，是关系成败的双刃剑。所以，每一件看起来似乎微不足道的事，我们都不能忽略，都须全力以赴，这不仅是工作的原则，也是人生的原则。

小事成就大事，细节成就完美。我们生活中所有美好的事物，都是靠劳动创造的。工匠精神就是一种努力将 99% 提高到 100% 的极致精神，哪怕再小的细节也要全神贯注、全力以赴，只为打造极致的产品和体验。

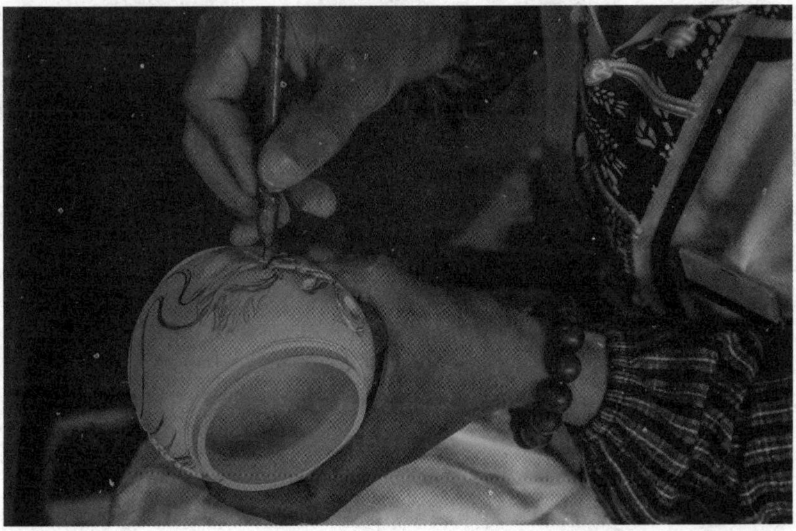

想有所作为者，既要胸有大志、高屋建瓴，有“一览众山小”的视角高度，又要注重点滴，从小事做起，正像荀子说的那样：“不积跬步，无以至千里；不积小流，无以成江海。”唯有把每一件小事做细、做实、做好，重视一言一行的细节，善于总结，

把各种问题想深、想细、想透，注重个性修养，注重各方面能力的培养，才能赢得更多的发展机遇。

阅读思考

西方曾流传这样一首民谣：“丢失一个钉子，坏了一只蹄铁；坏了一只蹄铁，折了一匹战马；折了一匹战马，伤了一位骑士；伤了一位骑士，输了一场战斗；输了一场战斗，亡了一个帝国。”

请你结合身边的实际案例，谈谈这首民谣所反映的道理。

第四节　功到自然成

工匠日复一日、年复一年地精耕细作，以求熟能生巧、技艺精进，这或许就是他们成功的秘诀之一。

欧阳修曾讲过一个《卖油翁》的故事。

北宋时期，有个射箭能手叫陈尧咨。有一天，他在家练箭，十中八九，旁观者拍手称绝，陈尧咨自己也很得意，但观众中有个卖油的老头只略微点头，不以为然。陈尧咨很不高兴，问：“你会射箭吗？你看我射得怎样？”老头很干脆地回答：“我不会射箭。你射得可以，但并没有什么奥妙，只是手法熟练而已。”

陈尧咨听后气愤地说：“你怎么敢轻视我射箭的技术。”老翁说：“凭着我倒油的经验就可知道这个道理。”于是老翁取过一个葫芦，立放在地上，用铜钱盖在它的口上，慢慢地用勺子把油倒进葫芦。油从铜钱的孔中注进去，却不沾湿铜钱。老人说：“我这点儿手艺也没有什么特别的奥秘，只是熟能生巧罢了。”陈尧咨见此，只好尴尬地笑着将老翁打发走了。

这个家喻户晓的故事印证了一个颠扑不破的真理：熟能生巧，练则精通。无论做什么事情，只要勤学苦练，就能掌握规律，找出许多窍门，从而得心应手。工作也是如此。

明朝万历年间，中国北方的女真族为患一时。朝廷为了抗御强敌，决心重修万里长城。当时号称天下第一关的山海关，早已年久失修，其中“天下第一关”的题字中的“一”字，已经脱落多时。万历皇帝募集各地书法名家，希望恢复山海关的本来面貌。各地名士闻讯，纷纷前来挥毫，但是依旧没有一个人的字能够重现天下第一关的原味。于是万历皇帝再次诏告，只要中选就能够获得重赏。经过严格的筛选，最后中选的，竟是山海关旁一家客栈的店小二，真是出乎大家的意料。

在题字当天，现场被挤得水泄不通，官家早就备妥了笔墨纸砚，等候店小二前来挥毫。只见他抬头看着山海关的牌楼，舍弃狼毫巨笔，拿起一块抹布往砚台里一蘸，大喝一声“一”，十分干净利落，立刻写出一个绝妙的“一”字，旁观者都惊叹不已。有人好奇地问店小二成功的秘诀，他久久无以回答，后来勉强答道：“其实，我没有什么秘诀，只是在这里当了三十多年的店小二，每当我在擦桌子时，就望着牌楼上的‘一’字一挥一擦，就这样而已。”原来，这位店小二的工作地点正好面对山海关的城门，每当他弯下腰，拿起抹布清理桌上的油污时，视角正对准“天下第一关”的“一”字。他不由自主地天天看、天天擦，数十年如一日。久而久之，熟能生巧、巧而精通，这就是他能把这个“一”字临摹得惟妙惟肖的原因。当店小二临摹到一定“量”时，技法必然达到相对熟练的水平，自然会总结出一些经验和方法，并产生“质”的变化。做任何事情都是一样，只有多接触、多模仿、多实践、多积累，才能精通。

（资料来源：郑一群著《工匠精神卓越员工的十项修炼》，有改动）

所有的成功都是经过很多的积累而成就的。积累使人经历丰富、学识渊博，终有一日会由量变到质变，实现质的飞跃。点滴小事能长期坚持，这就是工匠精神。

科学家研究发现，人工作所用的知识，90%是在工作后学习的。所以，学习才是真正的成功之母。工作中，我们每个人都要不断学习，积累自己的知识和经验。

华罗庚出生在江苏省的一个小县城——金坛。他小时候，家中清贫，父亲在小镇上开了个小杂货铺，代人收购蚕丝，一家人过着半饥半饱的生活。华罗庚上初中时，对数学产生了特殊的兴趣。他的老师王维克很器重这个聪明机灵的少年，常常单独辅导他，给他出一些难题做，这使少年华罗庚受益匪浅。

华罗庚在金坛中学念完初中后，因家里无力再供他上学，只得辍学到父亲的小杂货店里帮助料理店务。可这位酷爱数学的年轻人，人虽然守在柜台前，心里经常琢磨的还是数学。王维克老师借给他几本数学教材：一本大代数，一本解析几何，一本微积分。华罗庚便跟着这几位不会说话的“老师”步入了高等数学的大门。华罗庚18岁那年，在王维克老师的帮助下，到金坛中学当了一名会计，兼管学校事务。他曾回忆当时艰苦的生活：“除了学校里繁重的事务外，早晚还要帮助料理小店的事务。每天晚上大约8点钟，才能回家。清理好小店的账目之后，才能钻研数学，常常到深夜。”不久，金坛市流行伤寒，华罗庚不幸染病，卧床半年。后来病慢慢好了，可是左脚却弯曲变形，落了个跛足的终身残疾。

华罗庚在贫病之中刻苦自学，不但读了许多书，而且还勤于独立思考，敢于向权威挑战。19岁那年，他发现一位大学教授的论文写错了，便把自己的看法写成一篇文章，题目叫《苏家驹之代数的五次方程式解不能成立之理由》，并于次年发表在上海的《科学》杂志上。随后，华罗庚又连续发表了几篇数学论文，署名“金坛人”。

这个在数学论坛上崭露头角的“金坛人”，引起了清华大学数学系主任熊庆来教授的注意。当他打听到这个数学奇才原来是个只读过初中的小青年时，深为震惊，便写信邀华罗庚来清华大学数学系当管理员。到清华后，华罗庚的进步更快了。他自学了英语、德语。24岁时，已能用英文写作数学论文。25岁时，他的论文已引起国外数学界的注意。28岁时，他当上了西南联大教授。后来，他又被熊庆来教授推荐到英国剑桥大学去深造。

华罗庚成功了！在走过坎坷的自学之路后，他成了世界著名的数学大师，国外数学界这样评价他：“华罗庚教授的研究著作范围之广，足可使他堪称世界上名列前茅的数学家之一。”

20世纪40年代后期，华罗庚应美国伊利诺伊大学之聘，在那里当教授。华罗庚在那里有着优越的生活、科研环境：他的住房有4间卧室、2间浴室，还有一间可容纳五六十人开酒会的客厅。学校还给他配备了4个助手、1个打字员。

但是，当中华人民共和国成立的消息传来时，华罗庚却不再留恋美国的优越条件，踏上了返回祖国的旅程。他说：“为了抉择真理，我应当回去！为了国家民族，我应当回去！为了为人民服务，我应当回去！”

这位已担任了中国科学院数学研究所所长的著名教授，在填写户口簿时，在“文化程度”一栏里却写上了“初中毕业”4个字。这虽然使许多人惊讶不已，却是事实：他的的确确只有一张初中毕业证书。这位数学大师的数学知识，几乎都是通过自学获得的。

多年后，华罗庚获得了美国科学院外籍院士的荣誉称号。这是美国科学院历史上第一次把这个荣誉称号授予一位中国科学家。美国科学院院长在向华罗庚致赞词的时候说：“他是一个自学出身的人，但他教育了千百万的人。”

（资料来源：林锦添著《每个人都可以成为职场精英》，有改动）

其实，成功是靠经验的积累。一个人一事无成，往往不是因为没有能力，而是缺乏耐心，急于求成。

王羲之是东晋时期著名的书法家，被后人尊称为“书圣”。他从7岁就开始熟读前代书法论著，刻苦练笔；无论走路还是坐着，都揣摩书法的架势，手指不停地在衣襟上画着字。时间长了，连自己的衣襟都划破了。他在绍兴亭“临池学书”时，每天洗笔砚，使一池清水变成“墨池”。正因为如此，他才练出“入木三分”的笔力，形成丰富多彩的字体，笔笔刚健，字字飞龙，成为划时代的书法家。

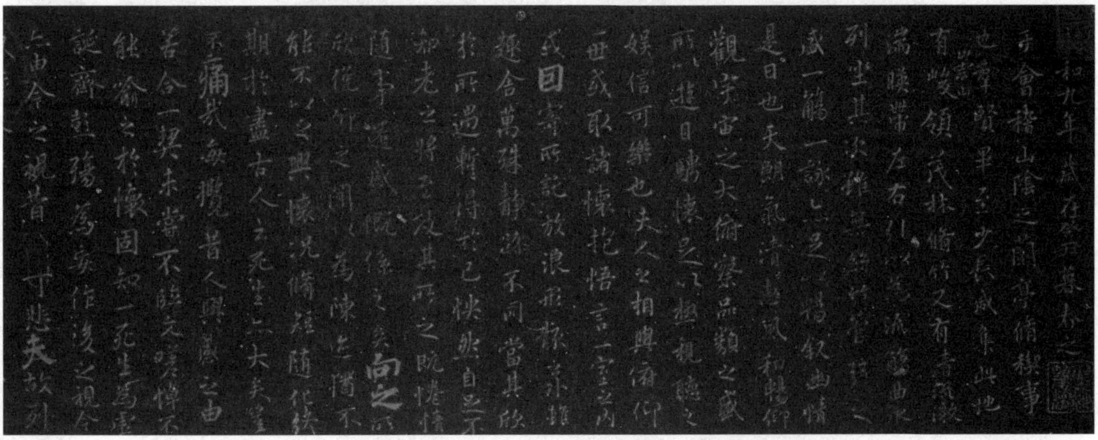

王羲之的成功源于几十年的勤学苦练和不断积累。时间与心力投入哪个地方，就会在哪个地方渐渐产生力量，你重复地做着什么样的事，也决定你将成就什么样的事。很多时候，积累时看似无用，到用时却是珍宝，受用一生。

经验是由实践得来的知识或技能。在实际工作中，“经验”其实就是我们积累的工作程序和方法，它代表着一个人的能力和竞争力。如今，刚毕业的大学生之所以难找工作，其中最重要的一个原因就是缺乏工作经验。很多企业宁愿雇一个学历稍低但有工作经验的员工，也不愿意招刚毕业的大学生，因为有工作经验的人更可能创造优秀的业绩。既然经验如此重要，那么我们就要不断地积累自己的工作经验，并坚定这样一种信念：每一项工作都是有价值的，今天积累的经验无论看起来与成功多么不相关，但终有一天，这些经验会串联起来，为将来的成功提供巨大的支持。

在这个世界上，没有不能积累经验的工作，只有不能积累经验的人；没有无价值的工作，只有让工作变得无价值的人。工作有无价值、能否积累经验，取决于你自己。所以，无论做什么工作，你需要努力积累足够的工作经验，这样你才能在竞争中脱颖而出。

宋代大画家李公麟曾画了一幅《贤己图》，画的是一群赌徒正在赌博的情形。《贤己图》几经转手，最后为著名诗人黄庭坚所收藏。一天，黄庭坚将这幅画拿给苏轼、秦观观赏。秦观对画中有些人物的神态感到不解，便问苏轼：“仁兄是书画鉴赏高手，我想请教画中站立的那个人在喊什么呢？”苏轼看了一下，便不假思索地说：“这个问题不是很简单吗？那站着的是个福建人，他在喊‘六’。盆中已经有五个骰子，站立的那个人再喊出一个‘六’不就是‘满堂红’吗？”“你凭什么说站着的那个是福建人呢？”秦观满腹疑惑地问。“其他地方的人喊‘六’都是合着嘴的，只有福建人喊‘六’是张开嘴的，所以我断定他是福建人。”苏轼细心地解释说。黄庭坚、秦观听了苏轼的分析，都佩服得五体投地，对李公麟的画作更是推崇备至。

（资料来源：焦文旗、常朔主编《相信自己的“奇迹”》，有改动）

李公麟的画作被赞誉为“天下绝艺”，是因为他在绘画技艺上下足了功夫，而苏轼能参透其画中玄机，则让我们更加钦佩其画外的硬功夫。苏轼自小便是少有的聪明人，文坛领袖欧阳修读到他的文章都不由惊叹：“吾当避此人出一头地。”但他能有后来的成就，绝非自恃聪颖，而是着实下了一番苦功的。

元丰三年（1080），苏轼被贬谪到黄州（今湖北黄冈市）任团练副使，他在黄州城东的一块坡地上建起了一个小屋，取名“雪堂”，自号“东坡居士”，开始用读书驱散人生的阴霾。司农朱载是苏轼来黄州后结识的一位文友。有一天，朱载来拜访苏轼，通报进去之后，很长时间也不见苏轼出来。朱载走也不是，留也不是，十分尴尬。过了足足有一个时辰，苏轼才走了出来，他向朱载道歉说，自己正在做功课，所以不能马上出来，非常失敬。朱载便问他做什么功课，苏轼回答说：“抄《汉书》。”朱载大为奇怪，说：“以先生的才华，开卷一览，就能够终生不忘，怎么还亲自抄书呢？”苏轼回答说：“不是这样的。我抄《汉书》已有三遍了，边抄边背。抄第一遍时，每段专抄三个字作题目，第二遍每段专抄两个字作题目，现在只抄一个字作题目，只要提起这个字，我就能接着背诵下去。”朱载非常惊奇，并施礼说：“您能将所抄的东西让我看看吗？”苏轼拿出一册抄写的汉书，朱载随口念了一个字，苏轼应声背诵题下文字，一字不差。回到家后，朱载感慨地对他的儿子们说：“像苏轼这样天分很高的人，读书还这样勤奋，天资一般的人应更加努力才对啊！”要知道，一部《汉书》将近 80 万字，抄写三遍，倒背如流，这等苦功，几人能为？

（资料来源：焦文旗、常朔主编《相信自己的“奇迹”》，有改动）

不要总抱怨自己的天分不够，与其纠结于此，不如扪心自问：“我下功夫了吗？”当你敢给出一个肯定的答案时，相信你已成功。

阅读思考

1. 以小组为单位，列举关于“功到自然成”的成语（或故事），在 5 分钟内列举的成语数量最多的小组获胜。

2. 组织一次以“功到自然成”为主题的演讲比赛（或作文比赛），评出第一、二、三名，并将比赛演讲稿或作文张贴在学校公示栏中。

第五节　忠诚与能力

工匠精神讲究的不仅仅是产品的品质，更注重的是人的品质。哈佛大学教授科尔斯说：“品格胜于知识。”一个“德商”高的人，一定会得到他人的信任和尊敬，也自然会有更多成功的机会。高尚的品德是个人成功最重要的资本，是个人最核心的竞争力。具有优秀品德的人，总是会时常从内心爆发出积极的自我力量，使人们了解他、接纳他、帮助他、支持他，使他的事业获得成功，使他受到人们的尊重和敬仰。可以说，好的人品是推动一个人不断前进的力量。

忠诚不仅仅是一种品德，更是一种能力，而且是其他所有能力的统帅与核心。忠诚就是工匠精神最好的体现。它是一种操守，强调遵循道德原则的端正品德和行为，强调以诚相待、尽善尽美，这些操守在今天看来尤为珍贵。作为从业者，不能为一时的利益所蒙蔽，也不能为金钱所诱惑，必须坚持信念，做到目标始终如一。

木拱廊桥是我国独有的一种桥梁形式，它以梁木穿插挤压形成拱桥，支撑在两岸的岩石上，底座由数十根粗大圆木纵横拼接对拱而成“八字结构”，不用铆钉，完全靠它自身的强度、摩擦力和圆木直径的大小、所成的角度、水平的距离等巧妙搭接，结构简单，却坚固异常。更令人叹服的是，这些木拱廊桥并不是那些用来点缀风景的亭台楼阁，它们大多建造在浙江与福建交界处的高山深谷之间。在这两个地区，气候多变，雨水充沛，河床动辄三四十米，水深流急之处，过河比登天还难。我们的先人就地取材，不用一钉一铆，只用短小的木头经纬编织成拱，就可横跨40米以上的深谷激流。几百年来，上百座这样的木拱廊桥在崇山峻岭之间屹立不倒，为当地老百姓来往提供方便。

位于福建武夷山深处的余庆桥是国家级文物，在十几年前却不幸遭火焚毁。当地政府决定重建该桥。主持重建该桥的工匠叫郑多雄，他出身于木工世家，是郑氏家族木拱廊桥营造技艺第七代传人郑多金的弟弟，也是木拱廊桥非物质文化遗产国家级传承人。为了重建余庆桥，他带着12位师傅上了工地。和祖上一样，他造桥也不用图纸，一切设计都在心中完成。斧头、竹笔、墨斗是加工木料的主要工具，先根据杉木的大小、弯直分配木料，再用竹笔、墨斗在木料上做好记号，沿记号下锯、下凿。郑多雄说，要想让拱架的榫卯搭接严丝合缝，在木料上下的每一步都要非常精准。建造木拱廊桥，首先用三组圆木组成三折边拱，跨过河谷，再在三折边拱中穿插交织第二道折边拱，两套系统穿插挤压，相互支撑、相互限制，形成稳定的整体，整体中的各个交叉的节点必须算得非常精确。算得精确，安装的时候就会顺利；如果算得不精确，就会有过大过小的间隙，不但安装不顺利，即便安装好了，桥面的压力也不会在桥的内部得到充分、均匀的传递，桥就会在重压下歪斜甚至坍塌。郑多雄反复强调说，造这个拱架一颗钉子也不用，钉子二三十年就腐烂掉了，木头是不会烂的，人活百岁，木寿千年。“我们造桥的时候，必定想到 100 年、200 年以后。我们先人建造的木拱廊桥，有的已经 700 多年了，现在还能走人。先人在看，后人在用。我们是不敢马虎的，该出的工一点儿也不能省，该流的汗一滴也不能少，该花的心思一丝也不能缺。”

传统手工艺者最令人敬佩的，就是他们对自己从事的职业的热爱和忠诚。当今的企业员工也要有忠诚的品德。如果说智慧和勤奋是金子，那么比金子还珍贵的就是忠诚。

一家外资企业要招聘一名工程技术人员，待遇丰厚，应聘者蜂拥而至。袁华原是一家企业的技术人员，因单位效益不好而下岗了，他也参加了这次应聘。面对考题，他并不发怵，外语和专业方面的考题他都答得十分顺利。

但是第二份考卷的两道题却令他感到很为难，其中一道题目是这样的：“你所在的企业或者曾任过职的企业，经营成功的诀窍是什么？技术秘密是什么？”这类问题对于曾在企业搞过技术的袁华而言，并不难。可袁华却犹豫不决，迟迟写不出答案。因为多年的职业道德在约束着他，而且他想到原厂里的数百名职工还在进行着惨淡的经营，怎能为了自己的饭碗而砸大家的饭碗呢？最后，他毅然挥笔在考卷上写下 4 个大字：无可奉告。

随后，他又开始了连日奔波，打算去寻找新的工作，因为他觉得自己肯定不会被录用。然而让他意外的是，没过几天，那家外资企业却给他发来了录用通知。原来，那道题的真正用意正是考核应聘者的职业道德，尤其是一个人的忠诚度。

正是对原公司的忠诚，让他很容易赢得了招聘方的好感与信任，从而得到了新的工作。对于任何一位员工而言，忠诚在任何时候都是重要的，不能因为一时的私利就放弃这种重要的品德。一个对企业忠诚的员工，才能对自己的职业负责，才能赢得更多的机会。

忠诚是一个人的安身立命之本，只有具备忠诚品格的人，才能够赢得他人的信任，受到他人的尊敬，也只有这样的人才能在社会上立足。在职场竞争越来越激烈的今天，人才之间的较量，已经从单纯的能力对比延伸到了品德方面的对比。在所有的品德中，忠诚越来越得到很多企业的重视，因为只有忠诚的人，才可能有资格拥有个人品牌。

张丹，其貌不扬，学历也不太高，在一家房地产公司做打字员。张丹的打字室与老板的办公室之间只隔着一块大玻璃，老板的举止，她随时都可以看得清清楚楚，但她却很少向那边多看一眼。张丹每天都有录入不完的材料，她知道工作认真是她唯一可以和别人一较长短的资本。她处处为公司打算，不舍得浪费一张打印纸。如果不是要紧的文件，她会一张打印纸两面用。

半年后，公司资金周转困难，员工工资难以按时发放，大家纷纷跳槽。最后，总经理办公室的工作人员就剩下她一个了。有一天，张丹走进老板的办公室，直截了当地问老板："您认为您的公司已经垮了吗？"老板非常惊讶，说："没有！""既然没有，您就不应该这样消沉。现在的情况确实不好，可很多公司却面临着同样的问题，并非只有我们一家这样，而且虽然您砸在工程上的200万美元成了一笔死钱，可公司没有全死呀！我们不是还有一个公寓项目吗？只要好好做，这个项目就可以成为公司重整旗鼓的开始。"说完，她拿出了那个项目的策划方案。隔了几天，张丹被派去负责那个项目。3个月后，那片位置不算好的公寓全部先期售出，张丹为公司拿到3800万美元的支票，公司终于有了起色。

以后的4年，张丹作为公司的副总经理，帮着老板做了好几个大项目，又忙里偷闲，炒了大半年股票，为公司净赚了600万美元。又过了3年，公司改成股份制，老板当了董事长，张丹则成了新公司第一任总经理。

当有人问张丹如何通过炒股为公司盈利时，张丹的回答很简单："一要用心，二没私心。"的确如此，你如果一面在为公司工作，一面在打着个人的小算盘，怎么能让公司盈利呢？我们在任何时候都不能失去忠诚，因为它是一个优秀员工最基本的品质。

（资料来源：郑一群著《工匠精神卓越员工的十项修炼》，有改动）

忠诚是职场中最值得尊重的美德，因为每个企业的发展和壮大都离不开员工的忠诚。只有全体员工对企业心怀忠诚，大家才能心往一处想，劲往一处使，进而最大限度地发挥出团队的力量，自己也相应地得到更多的成就感。同时，也使工作成为自己的一种人生享受。

忠诚的员工就像“孺子牛”，总是兢兢业业地工作，不擅离职守。即使工作辛苦，他们也不会投机取巧、放弃工作，更不会为了一己私利而牺牲公司的利益。当公司出现危机、老板决策出现错误时，他们会义无反顾地挺身而出，或去努力挽救，或去指正。这样忠诚的员工，放在哪里都会发光，任何一个老板都会喜欢。

无论干什么，想要成功都务必具备两手：一手忠诚，一手能力。如果没有忠诚，能力也就变得无足轻重。

第一，忠诚已经成为人才的第一竞争力。人才越来越市场化，人才的竞争已经从单纯的技能竞争，转向了品德与技能两方面的竞争。而在所有品德中，忠诚排在第一位。包括世界500强在内的众多优秀企业在选拔人才时，已经把忠诚排在第一位。很多企业会通过各种形式测试应聘者的忠诚度。被认定为缺少忠诚度的人，哪怕拥有一百个博士学位、一千项成功案例，都可能不会被聘用。因为用人单位很清楚，一个缺乏忠诚的人不可能为企业所用，而且这样的“能干人”一旦背叛企业，企业遭受的损失可能无法估量。忠诚，已经成为职业场上的第一竞争力。

第二，忠诚是所有能力的统帅。一个人如果缺乏忠诚，其他所有能力，诸如计划能力、组织能力、控制能力、解决问题的能力等，都将无用武之地。计划能力、组织能力等形成的能力组合是“技能仓库”，忠诚是“技能运输通道”，技能仓库中的技能只有通过技能运输通道，才能到达“价值仓库”。

第三，忠诚是获取回报的前提。忠诚和回报是有先后顺序的，忠诚是回报的前提。在现实生活中，很多年轻人在求职的时候，首先强调的就是回报，这种本末倒置的做法，最终导致他们无法获得理想的回报。

第四，忠诚决定你在组织中的真正地位。在任何企业里，都存在一个无形的同心圆，圆心是老板，圆心周围是忠诚于企业、忠诚于老板、忠诚于职业的员工。离老板越近的人，是忠诚度越高的人，而不一定是职位越高的人。很多高层管理者天天和老板打交道，却未必得到老板的信任，可能和忠诚度不够有关。很显然，越靠近“同心圆”圆心的人，越可能获得稳定的职业和稳定的回报。

在企业界，尤其是民营企业中，老板有一块由来已久的“心病”，那就是对能人想用又不敢用。能人是一把双刃剑：忠诚，则为老板创造巨额财富；不忠诚，则给老板以沉重的打击。而在管理方面，老板也面临两难：一管就死，一放就乱。

简而言之：“忠诚胜于能力。”意思是，企业员工首先要对企业、对上级、对老板忠诚，企业宁愿用一个拥有十分忠诚、七分能力的人，也不会用一个有七分忠诚、十分能力的人。

阅读思考

1. 谈谈你所理解的“忠诚”的含义。
2. 为什么说“忠诚比能力重要”？

第六节　坐得住冷板凳

一、工作要耐得住寂寞

“工匠精神”容不得浮躁，容不得急功近利，即使世界嘈杂，也要耐得住寂寞。热衷于追逐名利的人往往不求品质、只求利益，平日里朝三暮四的人更难以坚持把一份工作做到极致，这些都与“工匠精神”背道而驰。唯有心无旁骛，才能练就“工匠精神”。

有段话说得好：“每个优秀的人都有一段沉默的时光。那段时光，是付出了很多努力，忍受孤独和寂寞，不抱怨、不诉苦，日后说起时连自己都能被感动的日子。”对于工匠的劳动成果，人们可能需要数年甚至数十年的时间，才能完全意识到它的社会影响力。所以，要成为工匠，前提就是要耐得住寂寞。

有位农夫继承了父亲留下来的几亩田产，于是就决定自己的一生都以种地为生，过着面朝黄土背朝天的生活。让他没想到的是，有人在他的村子里发现了油田，许多人赶来分享这份财富。这里的经济也得到了空前的发展，村子一天比一天热闹，渐渐变成了城市。纵横交错的大马路出现在农夫身边，一幢幢高楼如雨后春笋般冒了出来。那些原本想以种地为生的人开始耐不住寂寞了，有人去给别人打工，也有人做起了自己的小生意，不用说，他们的收入比种地好多了。农夫的邻居一天天变少，他的妻子也曾劝他别再种地了，进城随便干点什么都比种地好，可农夫总是说：“我什么工作都不会干，只懂得种些粮食和蔬菜，我想一辈子守着土地。”

几年之后，农夫所在的村子已经发展成灯火辉煌的城市，在高高的住宅楼中央，他的那几亩土地好像小了几圈似的。家和土地与周围的环境形成鲜明的对比，这道独特的风景线也吸引着楼里人。此时，农夫已经决定不再种粮食和蔬菜，改为种花卉了，因为花卉的收入比粮食和蔬菜高多了。傍晚或星期天的时候，会有人带着妻子、孩子在他家的土地边散步或玩耍，享受城市里那一份清新和宁静。因为这里有大自然的原貌、乡村的风光、芬芳的鲜花，这些对于长期工作在高楼大厦中的人而言是非常难得的。

又是几年过去了，农夫成了一名出色的园丁，而他的土地也变成了一座非常漂亮的私人花园。由于他的花卉价格合理，他的服务态度也好，且送货上门，每天都能卖出很多，利润当然也相当可观。

目前，农夫已经变成花卉公司的老板，拥有千万元的身价，领导着上百名员工，虽然与其他富翁还有一段距离，但在乡邻中算是最优秀的人。那些放弃土地的乡邻都很后悔，他们说，如果当时一直坚守土地，肯定比他还成功。

（资料来源：郑一群著《跟马云学创业》，有改动）

在生活中，坚守那些流光溢彩固然不难，难的是像故事中的农夫一样坚守自己的想法和原则。因为那需要一种特殊的勇气，一种耐得住寂寞和被冷落的勇气。

寂寞是检验一个人能否坚守住自己阵地的试金石。成功之前，你孤身上路，没有同情，没有鼓励，没有赞美，没有人分担，更没有人拉你一把，只有自己一天天在寂寞中前行。只要你用坚强的意志战胜孤独、寂寞，并且从没有停止过奋斗，你就会明白，孤独、寂寞并不像癌症那样让人胆战心惊，它对你有激励的作用。

大量成功的经验表明，许多成功人士在得到大家认可之前，都经历过寂寞的煎熬，但那反而是他力量最大的时候。因为在这种情况下，他们一切只能依靠自己，各方面的潜力也会随之被激发出来。韩非子的寂寞，造就了《说难》《孤愤》；司马迁的寂寞，成就了传世佳作《史记》；陈景润的寂寞，攻破了哥德巴赫猜想的壁垒；艾米莉·狄金森的寂寞，创造了无数不朽的诗篇。所以，当你被寂寞“欺负”的时候，请不要退却，也许这正是成功在向你招手，请细细品味，努力把握。

“克隆先驱”童第周先生，曾任中国科学院副院长、动物研究所所长。即使如此优秀的教育家、生物学家，也难免与寂寞相伴一生。用他的话说是：要用一颗平和的心去面对寂寞、用一颗乐观的心去感受寂寞，这时寂寞就不会令你感到害怕，相反还会让你感到欣喜。他就是用这样的心态去挑战寂寞的，最终他也实现了自己的理想。

童第周在浙江鄞州区的农村度过了艰苦的童年。由于贫穷，他没有资格进学校，只好边干农活，边跟父亲学文化。自己不能和别的小朋友一起高高兴兴地去上学，让童第周的内心充满了失落。于是，他暗暗下决心，要考进浙江省最有名的效实中学读书。

在这一段品味寂寞的日子里，他经过努力，终于考入了效实中学，成为一名高三插班生。后来，他又考入了复旦大学生物系，还未毕业，就已经成为生物系有名的高材生。

此后，童第周在亲人的帮助下，来到比利时的首都——布鲁塞尔，在著名生物学家勃朗歇尔教授的指导下，研究胚胎是怎样生成的。那时，他研究的是卵细胞膜的剥除，而这项很有挑战性的手术要求在显微镜下把青蛙的卵细胞剥开。由于青蛙的卵小膜薄，很多研究者都失败了。

童第周在比利时的这段时间真正感受到了什么叫作孤独：他没有人可以请教，也没有人能与他一起研究。尽管每次都是以失败告终，但他仍然会详细地记录下实验的每一个细节，希望从中能找出失败的原因。他一次次地对自己说，经得起失败、耐得住孤独寂寞的人，才能更好地走向成功。

就这样，童第周在承受过无数次失败、熬过了无数个寂寞的白天黑夜之后，终于取得了实验的成功，他也成为当时唯一一个能成功完成卵细胞膜剥除手术的人，并引起欧洲生物界的巨大震惊。就连一向苛刻的勃朗歇尔教授也禁不住连声称赞：“童第周真行！中国人真行！”因为教授本人多次搞这个实验都失败了。之后，童第周更是在这种不怕寂寞、不怕失败的精神的鼓舞下，取得了一个又一个骄人的成绩。

（资料来源：郑一群著《跟马云学创业》，有改动）

由此可见，孤独与寂寞不但可以激励一个人的斗志，磨炼一个人的意志，还可以丰富一个人的经历。所以，当一个人感到孤独时，也就是他正在勇敢地面对生活、面对现实的时候，他的心情从此会格外宁静，也能看到自己内心的世界。

在通往成功的道路上，如果你忍受了大多数人不能忍受的孤独和寂寞，那你离成功就不远了。因为在这些孤独和寂寞的背后，藏着多少汗水，藏着多少痛苦，藏着多少辛酸和不为人知的故事，只有成功的人才能体会。

一家跨国企业发布了招聘启事，数百人前来应聘，而公司的招收名额不足10个。

公开招聘定在早上9点，设在一个大会议室里。公司将应聘者的名字贴在椅子上，让他们对号入座，然后静静地等待。可是，两个小时过去了，也未见招聘人员的身影；半天过去了，还是没有人来。一些做了充分准备的应聘者便失去了耐心，有人开始大声提出抗议，有人开始来回走动，整个会议室由安静变得嘈杂起来。

午饭的时间都过去了，大多数应聘者终于失去最后一点耐心，选择了离开。也是，一个上午都没见到面试官，午休时就更不会有人来了，总不能让大家在这里无限期地空等下去吧。不一会儿，会议室里便只剩下5个人，这些人除了去过厕所外，一直坐在自己的座位上，或深思，或看书，他们的与众不同让他们显得很孤寂。

就在他们苦苦等待的时候，面试官来了，将剩余的这5个人全部录用。面试官说："耐得住寂寞、静心等待的人最善于思考，最能获得成功。所以，公司才采用这种方式招聘。"

（资料来源：郑一群著《工匠精神卓越员工的十项修炼》，有改动）

看来，只要一个人耐得住寂寞，倾心于事业，就能取得非凡的成绩。正所谓："耐得住寂寞，才能守得住繁华。"耐得住寂寞是所有成功者遵循的一种原则。工作中，只要我们能耐得住寂寞，甘于在底层磨炼摔打，精心积蓄，就能走到事业的顶峰。

二、不急于求成，慢工才能出细活

"工匠精神"往往意味着"慢"，"慢"才能精雕细琢。"慢"胜于"快"，先"慢"后"快"，才是真的"快"。急于求成往往会欲速不达、走火入魔。"慢"不是懒惰，而是拓展思考的宽度、厚度、深度，"慢"出品质，"慢"出功力。

事实上，凡是想要一下子把一件事情做成的人，就算他能做成这件事情，也没有基础，这就等于是在沙滩上造房子，最后一定会倒。只有慢慢地、一步一步把事情做好，每一步都给自己打下坚实的基础，每一步都给自己一个完美的交代，才能把事情真正地做成功。

有这样一个讽刺的小故事。有一个富翁大兴土木，想要建一座三层楼的房子。他看见工匠们打了很深的地基，又在地面上立柱砌砖，连忙跑过去对工匠们说："我要的是第三层，下面的第一、二层我不要，你们这样做不是在浪费时间吗？"

很多人看了这个笑话都会笑这个富翁傻，觉得这个富翁太急于求成了，没有第一、二层，哪儿来的第三层呢？其实，不只是这个富翁，我们很多人都会犯同样的错误。当一个人只盯着结果的时候，问题或者说是错误就不请自来了。本来需要十步才能走到，却想三步并作两步就到达，其结果不是拉伤了自己的腿，就是因为太急而摔了跟头。这个笑话还说明一个浅显的道理，那就是做任何事情都不能操之过急，都需要狠下功夫，因为功到自然成。

急于求成的结果就是欲速则不达，进而导致最终的失败。做任何事情都要脚踏实地、一步一个脚印，这样才能逐步走向成功。许多事业都必须有一个痛苦挣扎和奋斗的过程，正是这个过程，将你锻炼得无比强大并成熟起来。"宁详毋略，宁近毋远，宁下毋高，宁拙毋巧。"朱熹的十六字箴言可谓对"欲速则不达"做了一番精彩的诠释。

很多时候，求快反而达不到预期的效果。俗话说："慢工出细活。"这里的"慢"，所表达的不是一种具体的工作形态，而是一种心态，一种生活方式。慢不是懒惰，放慢速度不是拖延时间，而是遇事涵养静气，不急不躁。这要求我们在开展工作时，冷静分析工作情况，逐步积累，通过量变达到质变的效果；务必保持戒骄戒躁、耐心细致的态度，争取圆满地完成工作任务。

历史作家汪衍振先生，花了大半辈子来研究晚清三大名臣，耗费21年心血，只写了3部历史小说。也就是说，他平均一天只写了130个字，简直比发一篇微博的篇幅还小。

他一夜爆红后，媒体还戏称他为"中国最笨历史作家"，这让坐了21年冷板凳的汪衍振顿时成为话题人物。为了弄清写作对象的升迁细节，他搜阅了近2000万字的珍稀史料，用心之苦，用力之深，达到了无孔不入、无坚不摧的地步。

对于"最笨"的称号，汪衍振表示不在意："媒体或读者说我是中国最笨作家，我并不生气，反而觉得不错。'笨'是一种态度，无论多聪明的创作者，一旦涉及历史题材，都不敢不'笨'。我最大的长处就是坐得住冷板凳，现在不少年轻作家一天就写一万多字，我觉得有点悬，历史这东西不写则已，一写就得认真，就得靠谱。”“你让我一天写一万字，我也可以轻轻松松地完成，但这没有任何意义，我希望为喜欢历史作品的读者提供真正具有阅读价值的内容。”

（资料来源：梁阁亭著《自信卷》，有改动）

无疑，汪衍振先生的成功就是慢工出细活的结果。古人曾说过：“玉不琢，不成器。”玉乃天成，往往生在山中无人识，只有经过玉匠的精心打磨，方才熠熠生辉，成为稀世宝物，这生辉的过程就从慢中来。

《人民日报》（海外版）发表过一篇留学生征文——《慢工出细活——有感于德国制造》，内容很有意思。“慢工出细活”这个中华“老字号”漂洋过海到德国。享誉世界的“德国制造”从何而来？他们重视的不是某件事情要在某段特定的时间内完成，而是不厌其烦地履行一套烦琐的程序。然而，正是因为这些貌似没有任何必要的先期工作，使得总体过程能顺利进行，最后达到预定的效果。这恰好诠释了“慢工出细活”的内涵。不仅德国如此。制造一把精巧的折叠式瑞士军刀，须经 450 个步骤，仅检测部门就有 90 个员工，这当然也是“慢工出细活”。

其实，很多工作都是一个慢工出细活的过程，但“慢工”的关键是要有耐心。成功不是一天造就的，要有耐心才行。当我们为某个目的努力奋斗了一段时间而未果的时候，如果没有足够的耐心而放弃了，那么我们将会与成功失之交臂。

一位推销大师应邀到某城体育馆做告别职业生涯的演说。大师在人们潮水般的掌声中走上舞台。舞台中央搭起了巨大的铁架，吊着一个硕大无比的铁球。大师请来两位身强力壮的观众，分别给他们一把大铁锤，请他们用大铁锤去敲打那个吊着的铁球，只要能把它荡起来就算成功。一位年轻人抢着拿起铁锤，拉开架势，全力向那铁球砸去。一声震耳的响声过后，吊球动也没动。他接着用大铁锤，接二连三地砸向吊球，很快就气喘吁吁。另一个人也不示弱，接过大铁锤把吊球打得叮当响，可是铁球仍旧一动不动。台下逐渐没了呐喊声，观众好像认定那是没用的，就等着大师做出解释。

会场恢复了平静，大师从上衣口袋里掏出一个小铁锤，然后他用小铁锤对着铁球“咚”地敲一下，然后停顿一下，再一次用小铁锤“咚”地敲一下。观众们奇怪地看着，大师就这样持续地敲着。10 分钟过去了，20 分钟过去了，会场早已开始骚动，有的人干脆叫骂起来。大师仍然敲一小铁锤停一下，他好像根本没有听见观众在喊叫什么。有人愤然离去，会场上出现了大片的空缺。留下来的人好像也喊累了，会场渐渐地安静下来。大概在大师敲打了40分钟的时候，坐在前面的一个妇女突然尖叫一声："球动了！"刹那间，会场鸦雀无声，人们聚精会神地看着那个铁球。大师仍旧一小锤一小锤地敲着，吊球在老人一锤一锤的敲打中越荡越高，它拉动着那个铁架子"哐哐"作响。

终于，会场爆发出一阵阵热烈的掌声。在掌声中，大师转过身来，慢慢地把那把小锤揣进兜里，这才开口讲话。他只说了一句话："在成功的道路上，你如果没有耐心去等待成功的到来，那么你只好用一生的耐心去面对失败。"

（资料来源：文明德著《你的第一本销售心理学》，有改动）

是的，成功是急不来的，得有耐心去等待。作为工匠，要做出最好的作品，就要耐得住性子，要沉得下心。不要怕慢，因为慢工才能出细活，急于求成反而不成。这正是"工匠精神"的重要内涵。

俗话说，"十年磨一剑"。成大事者，很多情况下都不会急躁，他们有着足够的耐心等待机会和创造机会。

静而后能安，安而后能虑，虑而后能得。一个人只有坐得住，静下来了，沉进去了，他才能比别人看问题看得深、看得远、看得透。霍金为什么能成为科学的巨人？是他天资聪慧吗？恐怕不尽然。"如果不是因为生病，我不会有今天的成就。"霍金自己的话向我们揭示了他能"站起来"的原因，那就是专注和安静。

坐得住，是一种态度。纵观历史，取得杰出成就的人，有哪一个不是"坐得住"的呢？司马迁写《史记》用了18年；李时珍著《本草纲目》历时17年；紧凑型杂交玉米之父李登海，经过30年的艰苦探索才创造出了中国玉米高产的奇迹；谢赫特曼1982年发现准晶体后被斥为"伪科学"，20年后才被承认。因此，要想在事业上有所成就，就要坐得住冷板凳，因为成功来不得半点投机取巧。

坐得住，不仅是一种心态，还是一种境界。坐得住的人是不会问世间风月的，是不会在意是非得失的。不说马克思写《资本论》，不论曹雪芹写《红楼梦》，单说诺贝尔文学奖得主凯尔泰斯·伊姆雷，他从事写作五十多年，获奖之前在《大百科全书》《世界文化辞典》中根本查不到他的名字，因为他始终默默无闻地辛勤写作，拒绝采访，不出席各种会议。半个世纪始终如一地坚持，这该是怎样的一种境界？“咬定青山不放松，任尔东西南北风。”这才是坐得住，这才是站得起。

人生贵在坐得住，人生也难在坐得住。坐不住的人，左顾右盼，朝三暮四，任凭岁月虚度，结果一事无成；坐得住的人，心静如水，心无旁骛，扼住过隙白驹，终将硕果满枝。坐得住，贵在坚守，因为只有坐得住，才能磨炼意志，才能凝聚力量，才能造就辉煌。

阅读思考

1. “坐得住冷板凳”的含义是什么？

2. 为什么说“有成就的人都是能坐得住冷板凳的人”？这些人的经历对你有什么启示？

第七节　挑战不可能

“工匠精神”不是凭空产生的，那些具备“工匠精神”的人，往往有着执着的个性。他们在日常工作中善于向看似不可能完成的任务发起挑战。他们对自己的工作有一种莫可名状的钟爱与狂热。

林语堂先生讲过一句话：“为什么世界上95%的人都不成功，而只有5%的人成功？因为在95%的人的脑海里，只有三个字‘不可能’。”的确，大多数人常常被“不可能”三个字困扰，它侵蚀着人们的意志和理想。其实这些“不可能”大多是人们的一种想象，只要能勇敢地主动出击，那些“不可能”就会变成“可能”。如果你认为自己的愿望永远不可能实现，那它也永远只能是你的愿望；如果你相信愿望终会变成现实，那就没有什么不可能。不要在心里为自己设限，否则，那将是你无法逾越的障碍。

在世界某知名餐饮企业总部，许多主管的办公桌上都有一块铜牌，上面刻有其掌门人最喜爱的座右铭：“世上没有任何事能取代‘挑战’。‘才能’不能，因为有太多有才能的人并未成功；‘天才’不能，因为被埋没的天才屡见不鲜；‘教育’不能，因为受过高等教育的蠢材多的是。只有‘坚忍’和‘挑战’是无敌的。”

对于员工而言，不畏困难，勇于向看似不可能完成的工作发起挑战，源于他们内心的执着个性，而这种个性是与工匠精神相通的。

人的潜能是巨大的，一个人只有具备积极的自我意识，才会知道自己是个什么样的人，才会知道自己能成为什么样的人，从而积极地开发和利用自己身上的巨大潜能，将不可能的事变成可能，干出非凡的事业。

在工作中，我们总会遇到很多困难，有些人往往选择退缩和回避，因为他们认为这些困难是不可能战胜的；而有些人却选择迎难而上，付出自己最大的努力，即使最后失败了，也在所不惜。

一项对多个大公司CEO的调查表明，CEO们最欣赏的就是那些主动要求做某项新工作、接受新挑战的员工。无论能否做好，至少这些员工比那些只会被动接受工作的员工更令人欣赏，因为他们有勇气、有信心，而且会从尝试中学到更多的经验，增长更多的才干。然而，具有讽刺意味的是，世界上到处都是谨小慎微、满足现状、惧怕未知与挑战的人。而勇于向不可能挑战的人才，犹如稀有动物一样，始终供不应求，是人才市场上的“抢手货”。

勇于向“不可能完成”的工作挑战，是事业成功的基础。西方有句名言：“一个人的思想决定一个人的命运。”不敢向高难度的工作挑战，是对自己的潜能画地为牢，最终使自己无限的潜能化为有限的成就。

叶辉，中国航天科工二院某厂研磨师。20年苦练，他研磨出的“航天精度”令人折服。在他的手里，研磨一块铸铁所能达到的精度，是一根头发丝的七百分之一。作为一名研磨师，叶辉日常的工作是为航天装备提供精密的元器件，这项工作对研磨件的细节要求，达到了纳米级。现在的叶辉已经突破最高档的一等量块精度。外国人曾说中国人做不出这种精度，“航天研磨师”叶辉霸气回应：你把“中国”两字去掉。做精度的牵引者，大国工匠底气如虹。

当年，技校毕业后的叶辉被分配到某厂研磨组。见师傅的第一天，他和师兄弟们被要求伸出手掌。师傅李玉仔细打量他们的手掌之后，便劝退了好几个人。从那时起，叶辉便知道研磨这个活儿跟别的不一样。

学习久了，叶辉的这种感觉越来越明显。其他一块儿进厂的人很快就转为正式工，有的还在技能比赛中崭露头角，而他却一直是学徒。最让他难过的是，没有出徒的研磨师是不能接触零件生产的。因此，他每天的工作就是坐在工作间里，面对着墙壁，转动两块铸铁平台，培养自己对精度的感觉。

一开始的好奇心很快被这种单调的重复动作磨尽，叶辉开始心浮气躁。

原本平整的铸铁平面被他磨得凹凸不平，研磨的量块也“惨不忍睹”。与此同时，和他一起学习研磨的人一一离去，最后只剩下他一个。

“要不你就放弃吧。”看出叶辉有些倦怠，师傅对他这样说。

这句话让心高气傲的叶辉打起了精神，而在了解师傅的经历之后，他更加坚定了学习研磨的决心。二院的研磨师一直稀缺，作为第一代研磨师，师傅李玉一直没有找到合适的传人，60 多岁还被返聘继续工作。

收拾心情后，叶辉重新拿起了重几十斤的研磨平台。无数遍练习，无数次摩擦，叶辉逐渐找到了感觉。

一天，叶辉像往常一样来到工作室，准备研磨报废的零件。“你可以修理这批 0.5 微米的量块了。”师傅拿给了他一套需要研磨的零件。

五年，叶辉终于出徒了，他已达到了五等量块研磨精度。

就在叶辉梦想着终于可以在研磨行业大干一场时，意外发生了。“右手手掌贯穿，三根手指筋断，仅剩拇指和食指可以活动，可以开残疾证。”医生的话让叶辉感到绝望。

好不容易熬过学徒期，这个创伤摧毁了之前的一切努力。叶辉陷入了从未有过的低迷和自我怀疑：“可能这辈子我注定与研磨没有缘分。”

师傅听闻后赶到医院：“你如果放弃了，二院这一脉就彻底断了！”等了 40 年，才培养出了一个传人，早已退休的师傅如何再培养新的弟子？

痛定思痛。出院后的叶辉举着已经被判定残废的手，开始了新的研磨历程。相伴了五年的平台成了叶辉最好的理疗机，他开始强制自己右手全开，按压平台，重复那套熟悉了五年的动作。“疼啊，抽筋一般的疼。磨几分钟，就一身汗。”叶辉回忆道。

3 个月里，每天叶辉都准时来到工作台前进行康复训练。手掌从只能勉强半开到能够全开，再到右手恢复正常伸展，医生都说这是个奇迹。

康复后，叶辉对研磨有了更深的羁绊。像开窍了一样，很快，他相继达到了四等和三等量块的研磨精度。

经过 20 年的磨砺，现在的叶辉已经突破最高档的一等量块精度，加工精度早已超出了国内机器的测量范围。目前，全国能够达到这样精度水平的研磨师，总数不超过 10 个。

（资料来源：北京日报客户端《0.01 微米！航天研磨师磨出纳米级精度》，有改动）

任何事情，只要你想去做，而且是认真地做、想尽一切办法去做、坚持地去做，就一定能做到。不大可能的事，也许今天会实现；根本不可能的事，也许明天会实现。对于一位优秀的员工而言，勇于向“不可能”挑战的精神、信心和勇气，是获得成功的根本基础，也是促使事业取得成功的重要因素。

恐惧、摇摆不定和怀疑是幸福和成功的最大敌人。普通人面对艰难和挑战会绕路走开，避免自己心生恐惧，而勇敢者向“不可能”挑战，去迎战内心的恐惧，于是他们创造了奇迹。

其实，人与人的能力差别是极其微小的，真正的差别在于不同的思维和信念。对失败或被拒绝的恐惧使有些人望而却步，无力向前，自然就谈不上成功了。

李斌被公司任命为江南部经理，第一项工作任务就是监理办公室的装修。在工程接近尾声时，李斌接到了公司安排其外出讲课的任务，而且是六七天的时间。出发前，他对装修队长千叮咛万嘱咐，一定要保证装修的质量。讲完课回来，办公室装修已结束，正等着他验收。经检查，整体工程质量不错，但他发现有一处吊顶不太平整，便叫来包工头，说：“这个地方不行，得返工。”包工头看了看那处的天花板，对正在打扫卫生的小工说：“你过来。”然后一扬手说：“你怎么搞的？那儿为什么没弄平整啊！”小工抬头看了看，小声嘟囔着说：“那儿比较高，梯子有点儿够不着，弄平有点难。”包工头厉声训斥道：“难什么难！人造地球卫星都上天了，把它弄好比人造卫星上天还难吗！”

包工头的话让李斌深受启发：“是啊，难什么难？我们要把日常工作做好，真的会比让人造卫星上天还难吗？”

这样一想，在李斌心中，眼前的包工头好像已经不是一个普通的包工头了，而是他生命中的贵人。从那以后，每当他遇到事业的瓶颈无法突破时，包工头的那声断喝都会在他耳畔响起：“难什么难！人造地球卫星都上天了，把这件事干好难道比让人造卫星上天还难吗！”奋斗的动力，便会油然而生。

生命真的是一个奇迹，你根本不知道下一刻会发生什么，咬牙往前一冲，别有洞天的美景佳境便会呈现在眼前；而畏惧挑战，便被阻碍在成功大门之外了。

后来，李斌渐渐发现，这个世界上所有的伟大成就、所有的人间奇迹都是如你我一般的普通人创造的。没有三头六臂的神仙，只有意志和信念坚定的凡人；这个世界上没有什么事情是能或不能的，有的只是要或者不要，只要想要，注定得到。

（资料来源：周艺文著《心灵鸡汤站起来就是一棵树》，有改动）

困境不可怕，可怕的是我们失去自信，失去斗志。很多时候，我们身边的环境并不如我们所愿，我们在困境中更需要学会欣赏自己、相信自己、肯定自己、鼓励自己，勇敢地挑战不可能，这样，我们的生命将焕发新的生机。

阅读思考

1. 通过本节课的学习，你知道古今中外取得卓越成就的伟人们的成功秘诀是什么吗？

2. 搜集身边不畏艰难、勇于挑战自己、最终取得卓越成就的人物的事迹，以此为主题，组织一场作文竞赛。选出优秀的文章，在学校广播站播报，号召全校同学向他们学习。

第八节　独辟蹊径

一、积极思考，勤于动脑

很多人对工匠心存偏见，认为工匠所从事的劳动是重复性的，没有创造性。实际上，工匠在整个企业的生产流程中扮演着关键角色，一切有关生产的设计、蓝图、标准，不仅要依靠熟练的技术来实现，而且还需要勤于动脑，积极思考。

勤于思考、善于思考是各行各业优秀人才的特质。

有一位知名的物理学教授睡到半夜醒来，发现自己的实验室里依然灯火通明。他来到实验室，看到自己的一名学生正在实验台前忙碌着。

教授关心地问道："怎么这么晚还没休息？你现在做实验，白天都做什么了？"

学生回答："我白天也在做实验啊。"

教授稍微停顿了一下，说："勤奋固然很好，但令我好奇的是，你把所有的时间都花在做实验上，用什么时间来思考呢？"

这段对话道出了一个真理：对于每个人而言，从劳动、实践到发明创造，除了社会性条件和劳动态度以外，还有一个极其重要的条件，就是为自己留下一片空间，进行思考。

创新来自积极的、充分的思考。试想，如果你整天埋首于他人所设计的程序，永远只是拾人牙慧，又怎么可能成功呢？

无论你从事的是哪一个行业，幸运之神都偏爱会思考、有创新精神的人。思考能使人不断进步，创新能使事业再上一个巅峰，与众不同的创新个性能成为众人的灵魂。因此，从现在起培养你不断思考、敢于创新的精神，从生活中的点点滴滴开始做起，那么远大目标的实现自然会水到渠成。

有一次，公司派林华带领他的团队参加一个商品展销会。令林华感到懊恼的是，他被分配到一个极为偏僻的角落，而这个角落是很少有人光顾的。为他设计摊位布置的装饰工程师劝他，干脆放弃这个摊位，因为在这种情况下，要展览成功是不可能的，唯一的办法只有等待来年再参加商品展销会。

沉思良久，林华觉得自己若放弃这一机会实在可惜，而这个地理位置的劣势，也不是不能化解，关键就在于自己怎样利用它，使之变成整个展会的焦点。他觉得改变这种劣势需要一种出奇制胜的策略，可是怎样才能出奇制胜呢？他陷入了深深的思考。林华想到了自己创业的艰辛，想到了展销会的组委会对自己的排斥和冷眼，他突然想到了偏远的非洲，而此时的他就像非洲人一样受到不应有的歧视。

第二天，林华来到了自己的摊位前，心里又有些激奋，心想：既然你们把我看成非洲难民，那我就给你们扮一回非洲难民。于是，一个想法很快就产生了：林华让设计师设计了一个非洲古代宫殿式的展台，展台上布满了具有浓郁的非洲风情的装饰物，摊位前的通道变成了黄澄澄的沙漠，他让雇来的人穿上非洲人的服装，此外还定做大批气球，准备在展销会上用。

还没到开幕式，这个与众不同的装饰就引起了人们的好奇，不少媒体都报道了这一新颖的设计，很多市民都盼望一睹为快。展销会开幕那天，林华挥挥手，顿时展厅里升起无数的彩色气球。气球升空不久自行爆炸，落下无数的胶片，上面写着："当你拾起这小小的胶片时，你的运气就开始了，我们衷心祝贺你。请到我们的摊位，接受来自遥远的非洲的礼物。"这无数的碎片洒落在热闹的展销会场，当然，林华也因这个奇特的创意取得了巨大的成功。

（资料来源：郑一群著《工匠精神卓越员工的十项修炼》，有改动）

思路决定出路，思考是人生最大的财富。学会思考，就能找到人生新的起点；学会思考，学会创新，成功就会向你走来。

二、创新永无止境

2003 年，一群海归博士在某药业股份有限公司集结，朝着肺癌等恶性肿瘤治疗领域中未被满足的医疗需求挺进。2011 年，中国第一个拥有完全自主知识产权的小分子靶向抗癌药获批上市，打响了该药业股份有限公司在国产创新药领域的"第一枪"。2021 年，该药年销售额超过 10 亿元，在国产创新药中一路领先。从无到有，从有到优，中国创新药的赛道上从不缺少竞技者，但该药业股份有限公司的身影始终保持在领跑者的行列。

其董事长表示，"自主研发是我们的核心竞争力，公司研发投入不仅在国内创新药企业中位居前列，占营收的比重甚至超过不少国外药企。我们鼓励科研人员沉下心来专注科学研究，以'十年磨一剑'的精神在关键核心领域实现重大突破。我们的产品线日益丰富，目前在研创新药有 30 多项。其中，18 项进入临床研究，4 项已在新药上市前最后一期的临床研究中。预期以后每年都会有 1 到 2 个新药申报上市，有 3 到 4 个新药申报临床研究，为企业发展提供源源不断的动力。"

创新不息，行而不辍。与生俱来的创新基因不断激发着这个公司的研发活力。在自主研发、市场销售之外，其董事长将战略合作列入公司发展战略的"三驾马车"，以"引进来、走出去"双轮驱动，加快在国际市场打响中国创新药的品牌。

1. "巧"干胜于"蛮"干

伟大的工匠们能够设计制造出近乎完美的作品，拥有一双巧手是必要条件，因为一双巧手能化腐朽为神奇。在工作中，我们也要苦干、实干、巧干，而这里的"巧干"不仅是指运用好这一双"巧手"，更重要的是要运用好的工作方法。

一个伐木工人在一家木料厂找到了工作，他下决心要干好这份工作。

第一天，老板给他一把锋利的斧头，并规定了伐木的范围。这一天，他砍了 20 棵树。老板说："不错，就这么干。"工人深受鼓舞。

第二天，他干得更加起劲，但是他只砍了 17 棵树。

第三天，他加倍努力，可是只砍了 12 棵树。工人觉得很惭愧，跑到老板那里道歉，说自己也不知道怎么了，好像力气越来越小。老板问他："你上一次磨斧子是什么时候？"

"磨斧子？"工人诧异地说，"我天天忙着砍树，哪里有时间磨斧子！"

这个工人以为越卖力，工作成果就越大，这是思维习惯束缚了他。

在工作中，许多人认为自己付出的辛勤汗水并不比别人少，但成绩却总没别人好，究其原因，主要是方法技巧问题。所以在工作中，我们还要注意做事的技巧。当遇到工作的难题时，绝对不能像那位伐木工人一样，一味下蛮力去干，要多动脑筋，还要看看自己努力的方向是不是正确。

有一句俄罗斯谚语："巧干能捕雄狮，蛮干难捉蟋蟀。"这句话道出了一个普遍的真理，即做事要讲究方法，巧干胜于蛮干。巧干是一种分析判断、解决问题和发明创造的能力，是敏锐机智、灵活精明的反应能力，也是充满活力、随机应变的智慧。在工作中，巧干是抓住了事情的关键，并找到了有针对性方法的结果。巧干既可以减少劳动量，又可以达到事半功倍的效果。

人们常说："一件事情需要三分的苦干加七分的巧干才能完美。"意思是，行事时要注重寻找解决问题的思路，用巧妙灵活的思路解决难题，胜于一味地蛮干。"苦"的坚韧离不开"巧"的灵活。一个人做事，若只知下苦功，则易走入死路；若只知用巧，则难免缺乏"根基"，唯有三分苦加上七分巧才更容易达到自己的目标。

有一个小村庄，缺乏水源。为了解决饮水问题，村里人决定签订一份送水合同，以便每天都能有人把水送到村子里。村子里有两个年轻人，分别叫阿力和阿旺，他们愿意接受这份工作，于是村里的长者把合同同时给了这两个人。

签订合同后，阿力便立刻行动起来。他每天在10千米外的湖泊和村庄之间奔波，用两只大桶从湖中打水运回村庄，倒在由村民们修建的一个结实的大蓄水池中。每天早晨他都必须起得比其他村民早，以便当村民需要用水时，蓄水池中已有足够的水供他们使用。由于起早贪黑地工作，阿力很快就开始挣钱了。尽管这是一项相当艰苦的工作，但他还是非常高兴，因为他能不断地挣钱，并且他对能拥有两份专营合同中的一份感到满意。

阿旺呢，自从签订合同后就消失了。几个月来，村里的人一直没有见过他。这令阿力兴奋不已，由于没人与他竞争，他挣到了所有的送水钱。那么，阿旺干什么去了？原来，阿旺做了一份详细的商业计划书，并凭借这份计划书找到了4位投资者和自己合伙开了一家公司。6个月后，阿旺带着一个施工队和一笔投资回到了村庄，花了整整一年时间，修建了一条从村庄通往湖泊的大容量的不锈钢管道。

后来，其他有类似环境的村庄也需要水。阿旺便重新制订了他的商业计划，开始向全国甚至全世界的村庄推销他的快速、大容量、低成本并且卫生的送水系统。每送出一桶水他只赚1毛钱，但是每天他能送几十万桶水。无论他是否工作，无数的村庄每天都要消费这几十万桶水，而所有的这些钱便都流入了阿旺的银行账户中。

从此，阿旺幸福地生活着。而阿力在他的余生里仍然拼命地工作，而且还要为未来担忧。

（资料来源：潘鸿生《世界那么大，我要去看看：用打不死的精神，创造理想生活》，有改动）

这个故事告诉我们：正确的做事方法比态度更重要。做任何事情都有许多种方法，只有找到最科学的方法和策略，才会既轻松又省力。

成功的人讲究方法，讲究效率，而失败者往往忽略了这些，只是凭借着自己的想法蛮干。当人们反复抱怨问题的困难、处境的艰难时，有人放弃，有人坚持，有人莽撞苦干，有人讲究方法，这就造成了面对同样的问题却有不同的结果。所以说，一个人只有敢于挑战，主动寻求正确的方法去解决工作中遇到的每一个问题，才能提高工作效率，取得出色的业绩。

现在是知识经济已见端倪的时代，效率非常关键，没有方法就没有效率。惠普前首席知识官高建华说："惠普这样的跨国公司不提倡员工整天努力地拼命工作，而提倡员工聪明地工作，希望员工在工作中开动脑筋，想出更好的办法去解决问题、完成工作，从而提高工作质量和效率。"努力地工作本是无可厚非的，但要想迅速攀到职业的顶峰，这是远远不够的。

许多人为了在老板面前表现自己，常常加班加点工作，这些人错误地认为，唯有这样才能得到老板的赏识。其实，工作效率与工作业绩才是最重要的。不能盲目地为忙而忙，也不能为做表面文章而假忙，这样是没有任何成绩的。所以，我们只有采取有效的方法，才能真正解决问题，才能更有效率，才能最终获得成功。

2. 有创新，才有出路

创新与工匠精神并不矛盾。对于一个企业而言，发挥工匠精神的最大效用的关键就在于创新。创新有助于打造出更极致的产品。企业若想在未来每一个发展阶段都能保持领先，创新催生出的差异化定位将起到决定性作用。

商业竞争日益激烈，摆在企业面前的只有两条出路：要么创新，要么自我淘汰。创新已经成为企业的一种重要资源，创新意味着企业可以抢先进入新领域、创造新价值、占领市场制高点。

创新是企业的灵魂。纵观世界企业发展史，就是一部创新史。先进的企业靠着持续不断的创新能力，保持着其领先的地位；而后发展起来的企业靠着其强大的创新力量，超越强者，独立潮头。市场经济硝烟滚滚，没有永远的强者，无数的辉煌与湮灭告诫我们：只有创新才是硬道理。

腾讯从2011年推出微信以来，不断进行自我突破。

2011年，微信迭代非常快速。从1.0到3.0，更新的大动作比较多。最为核心的通信，就是在这一年完成的，包括点对点聊天、语音聊天、群聊以及多种加好友方式，这是因为当初微信地位还没巩固，必须不断快速尝试实破。作为一个崭新的熟人社交产品，关系链的建立特别重要。微信初期很巧妙地通过手机通讯录的方式完成了初步关系链的积累，而在通信价值上，微信对聊天重新做了思考，针对移动端输入方式和聊天场景，提供了语音聊天功能。也正是语音聊天功能，使得微信开始超越米聊。

历史就是一本教科书，从qq的发展轨迹而言，战略上围绕通信—社交—平台对产品进行演变，微信其实也是遵循这样的轨迹。2012年的微信4.0，就开始推出朋友圈这一社交利器。朋友圈鼓励分享照片，结合了碎片化的移动场景，极大地满足了用户移动社交分享需求，增强了用户黏性。

在内容入口方面，微信早在2012年1月份就开始通过结合腾讯微博、腾讯新闻进行尝试，后来推出了公众账号，满足用户的信息获取需求。

当年，微信5.0加入自主研发语音识别技术，引起震动。很多人不相信腾讯能在一夜之间靠自己研发出这种高门槛、长周期、重积累的技术。

在稳居移动社交领域一把手后，微信开始商业化。从打飞机游戏开始，推出微信游戏中心；从微信钱包开始，逐步发展微信支付，接入缴话费、转账等线上金钱流动业务；接入了京东电商，接入打车、大众点评、电影票等O2O服务入口。

2015年春节期间，微信联合各类商家推出春节摇红包活动，送出金额超过5亿的现金红包，单个最大红包为4999元。另外，还有超过30亿的卡券红包。腾讯数据显示，从除夕开始，到大年初一16时，参与抢微信红包的用户超过500万，总计抢红包7500万次以上，领取到的红包数量总计超过2000万个，平均每分钟领取的红包达到9412个。微信红包功能改写了中国人的过年方式。微信红包和春节的结合，一定程度上将微信红包推得更远、更广。

2017年开发的小程序，可以说是微信该年推出的最具实用价值的功能之一，用户直接通过微信无须下载安装就可以使用，极大地方便了用户。此外，还增加了加星标以及分享的功能。

2017年至2023年，随着技术的不断进步，微信在AI智能技术、产品集成、直播互动、智慧出行和支付场景等方面进行了大量的尝试和创新，推出了一系列关键性的功能，为用户提供了更加丰富、智能化、高效和个性化的服务。

创新能力的提升是竞争力提高的标志。创新能力的高低直接关系到一个企业竞争力的强弱。创新能力强的企业，其竞争力也强，反之亦然。只有综合考量，多方着手，才能实现真正意义上的企业创新。企业创新有着丰富的内涵，商品创新就是首位，围绕商品创新还有技术创新、管理创新、组织创新、经营创新、企业文化创新、机制创新、决策创新。在企业的各个方面、各个环节都有创新的课题。成功的领导者善于提出创新课题，并且善于组织人才去攻破它们。

时至今日，谁也无法否认创新的重要性，也没有任何一个企业不愿意进行创新，但意识到这个问题并不等于解决了这个问题。现实中，许多经营者在谈及企业的发展时，都把创新作为重要问题和重要手段。我们必须认识到，尽快提升企业的创新能力，是增强企业竞争力的需要。企业的竞争是全方位的，没有一家企业可以躲在避风港里避免竞争压力。

三、独辟蹊径，别踩着别人的脚印走

社会的进步，很多是因为传承，但更多是因为创新。墨守成规、因循守旧，只能让社会原地踏步，甚至倒退。在传承的基础上进行创新，是工匠的责任。工匠精神倡导的执着和专注并不意味着墨守成规，而是强调持续推陈出新，这就需要我们突破固有的思维模式，给自己来一场思维革命。

一个开锁专家技术精湛、手艺高超，号称没有他打不开的锁。于是镇里的人想捉弄一下这位专家，将他关在一个注满水的箱子里，并上了一把锁，请这位开锁专家表演“水中逃生”。专家费了九牛二虎之力，用尽了所有的开锁方法，也没能将锁打开。为了生命安全，专家不得不认输，这才得以将头探出水面换一换气。看了专家表演的人，无不哈哈大笑。原来，那把锁根本就没有锁死，只需轻轻一拉便可以打开了。

可能有些人读了这个故事只会淡然一笑，没有读出故事背后的深意。为什么开锁专家没能打开这把未锁死的锁呢？因为他的头脑里已经存在了一把更为顽固的锁，使得他不会从另外一个角度去思考问题、解决问题。

一位心理学家曾经说过：“只会使用锤子的人，总是把一切问题都看成钉子。”这就是人们常说的思维定式。思维一旦僵化，我们就会陷入认识的泥潭，工作起来也将十分被动。很多时候，我们之所以常常在很简单的事情上跌倒，究其原因不是我们不聪明，而是我们没有用心去思考、去探究，喜欢凭自己的经验去思考问题、解决问题，或者说这都是经验主义所形成的思维定式惹的祸。在现实职场中，抱着老传统不放，缺少创新精神的人不在少数。

由于整个市场是动态的，知识在不断增加，工作中所面临的问题也在不断变化，这就要求解决问题的角度有所突破，而人的思维习惯受本行业的条条框框束缚，被“看起来似乎理所当然的事”所迷惑。那么，工作的效率和进度必然受到影响，甚至会不战而败。相反，具有工匠精神的人在专注工作的同时，敢于打破常规，敢于尝试用创新的智慧解决问题，必然能带来更大的成就。

一家规模不大的建筑公司在为一栋新楼安装电线。施工过程中，他们要把电线穿过一根10米长、但直径只有3厘米的管道，而且管道是砌在砖石里，并且绕了4个弯。这让非常有经验的老工程师都感到束手无策，显然，用常规的方法很难完成任务。最后，一位刚参加工作的青年工人想出了一个非常新颖的主意。他到市场上买来两只小白鼠，一公一母，然后把一根电线绑在公老鼠身上，并把它放在管子的一端。另一名工作人员则把那只母老鼠放到管子的另一端，并轻轻地捏它，让它发出“吱吱”的叫声。公老鼠听到母老鼠的叫声，便沿着管子跑去营救，它身后的那根电线也被拖着进入管道。就这样，穿电线的难题得以顺利解决。

常言道：“不识庐山真面目，只缘身在此山中。”“当局者迷，旁观者清。”我们的思维长期局限在一个狭小的环境中，是容易僵化的。只有拓展思维选择的可能性空间，跳出就事论事的模式，突破常规思维、习惯思维的框架，换一种想法，多一条思路，才能轻松地解决遇到的难题。

在工作中，如果一味地习惯固定的思考模式，只能使生活、工作成为机械化的程序。很多人走不出思维定式，所以他们走不出宿命般的可悲结局；而一旦走出了思维定式，也许可以看到许多别样的人生风景，甚至可以创造新的奇迹。因此，我们要摆脱固有的思维模式，换个角度来考虑问题。

为满足市场需要，一家公司的科技人员开始设计一种新的小型自动聚焦相机。所谓自动聚焦，就是相机要根据拍摄的对象，自动测量距离，然后镜头做相应的调整，自动定好焦距。设计这种相机有几个必须达到的基本要求：小巧轻便，容易操作，而且成本低廉。

按照当时的技术水平和条件，在相机里装进电动机以后，体积就小不了，重量就轻不了，成本就很难降下来。如果要为它再去特别设计一种专用的超小型电动机，时间又很难保证。

设计人员为此大伤脑筋，想了很多办法都行不通，设计工作停滞不前。后来，一位非电机专业的技术人员想：自动聚焦需要的动力很小，而且距离很短，不用电动机而用弹簧行不行呢？这个突破了“必须用电动机驱动”这“一定之规”的新设想提出以后，设计人员沿着新的思路不断进行探索和试验，没过多久就相继设计出了一种又一种小型和超小型的自动聚焦相机。对这种给人们带来了很大方便，连傻瓜也能使用的“傻瓜相机”，科技界给予了很高的评价，认为它代表了产品开发的一个新的重要方向——傻瓜化，即“功能简单化”“易操作化”，同时也是“高智能化”“高科技化”。

（资料来源：胡婧、蔡妮著《大学生学习方法概论》，有改动）

纵观在职场中呼风唤雨的成功者，一般都不是那种因循守旧的人，而是能够在创新的立场上考虑各种问题的人。所以，我们必须摆脱惯有的思维，变换一下做事的方法。正如当代著名趣味数学家马丁·加德纳所说的：有些问题用常规方法去理解确实很困难，但放开思路、打破常规、灵机一动，一切难题终将迎刃而解，而这也正是“工匠精神”所提倡的。

四、用创新创造铺开成功的地图

工匠从事的劳动固然是重复性的，然而好的工匠在工作中会不断发现新问题，改进生产工艺流程，从而提升生产质量和效益。无数事实都表明：企业生产技术的创新，不仅仅是专家和工程师的事情，工匠同样至关重要。

高水平的“工匠”不仅能制造，还能创造。事实上，拥有“工匠精神”的劳动者，能在制造中不断改进工艺，在改造中努力突破极限，既承担“制造”的功能，更具备“创造”的可能。

在职场中，一个人是否具有创新精神，与其事业的成败休戚相关。在微软公司的面试中，应聘者往往会被主考官问到这样的问题：“你现在用的电话有什么缺点？”“怎么改进它？”或者“龟兔赛跑时，如果兔子没有睡觉，乌龟怎么才能赢得比赛？”也许在别人看来，这些问题与工作本身毫无关系，但这恰恰是微软很重视的问题。

根据应聘者对这类问题的回答，主考官可以准确地判断出这个人是否具有创新精神。

微软公司很重视员工的创新精神和创新能力。比尔·盖茨曾多次说过：“在高科技领域，用人之道并不在乎年龄、阅历。微软讲究的是开拓创新的能力，但这些都不是微软提倡和需要的。”由此可见，在现代公司里，老板对于每个员工的考核，不再仅仅局限于专业技能的优劣，具备创新意识和创新能力的员工更受老板器重和信赖。

创新不是某些专业人士的专利，它是人人都可以做到的。它不因你的学历低而鄙视你，不因你的社会经验少而轻视你。你只要在工作中时常注意从不同角度、不同方式去考虑和操作，在完善专业技能的同时你也在创新了。

马德明，从贫穷的农民家庭走出，凭借父亲的教诲和自己的努力，成为农机修造专家。他小时候家境贫寒，放弃学业，跟随父亲学习修理技能。虽然面临困境，但他从未放弃，一路摸索钻研，最终走上制造之路。他以自己20多年对农机具的钻研、维修制造，生动诠释了工匠精神的深刻内涵，展示了草根企业家锲而不舍、艰苦奋斗的创业风范。

马德明在循化县开了一家电焊及农机修理铺。他的技术精湛，深受客户好评。他深知农民之苦，为解决实际问题，他设计制造了一种适合西北山区的高效脱粒机，解决了农民在脱粒中的难题。

随着产品需求的增加，马德明开始寻求技术合作，提升自己的技能。他曾在企业无偿工作，学习操作机器和管理知识。后来，他被聘请为技术指导，不断充实自己的技能。

两年后，马德明回到循化县，创办了自己的农机研发和生产厂。他严格把控产品质量，从选料到出厂，每一关都亲力亲为。他的多用脱粒机得到了村民的欢迎，解决了稻麦收获时的难题。产品供不应求，规模逐渐扩大。

马德明的故事，是一个充满奋斗和创新的故事。他用自己的双手和智慧，为农民解决了实际问题，也为自己创造了美好的未来。

可见，创新不需要天才，只在于找出改进的方法。许多事情的成功都是因为能找出把事情做得更好的办法。

创新是一种工作精神、工作态度，同时也是一种工作方法。如果你对工作全心投入，对工作有激情、有责任，你就会发挥主观能动性，想出创新工作的点子，形成一种全新的工作方法，取得可喜的工作成果。

有思考才会有创新，有创新才会有出路，有出路才会成功。世上每一次伟大的成功都是先从创新开始的。创新就像一位哲人所说的那样：“你只要离开人们常走的大道，潜入森林，你就可能会发现前所未有的东西。”同样的道理，在工作中一个小小的改变，只要能跳出传统守旧的观念，巧妙地转变自己的思维方式，往往就会产生意想不到的效果。

五、“互联网 +”与工匠精神

我国在 2015 年两会的政府工作报告中提出，要制订“互联网 +”行动计划的要求，推动移动互联网、云计算、大数据、物联网等与现代制造业结合，促进电子商务、工业互联网和互联网金融的健康发展，引导互联网企业拓展国际市场。

“互联网 +”行动计划的重点是促进以云计算、物联网、大数据为代表的新一代信息技术与现代制造业、生产性服务业等的融合创新，发展壮大新型业态，打造新的产业增长点，为大众创业、万众创新提供环境，为产业智能化提供支撑，增强发展动力，促进国民经济提质、增效、升级。

“互联网 +”时代的到来，有力地促进了经济社会的发展，为人们的生活带来了极大的便利。互联网时代推崇创新、创造思维，推崇用创新精神激发人的创造活力，为推动人类社会的进步与发展提供前所未有的动力。

在互联网时代，我们还需要工匠精神吗？答案是肯定的。因为工匠精神不是守成和守旧，更不是一味地恪守传统而裹足不前。恰恰相反，如果善于用创新的精神对产品精雕细琢、反复琢磨，创造出高品质的产品，这本身就是一种工匠精神。创新不是凭空而生，是建立在认真周密、严谨踏实、细致专注之上的思想飞跃和灵感迸发，在这种状态下打造出的产品和服务才能成为精品中的精品。

因此，工匠精神也是“互联网 +”时代最宝贵的精神，它与这个时代所追求的创新、创造的精神是一致的，二者有着高度的融合性。工匠精神追求极致，讲究以开放的视野，吸收最前沿的创新技术，创造最顶尖的新成果，成为互联网时代“工匠精神”的最新特质和最新形态。从这个意义上而言，“互联网 +”时代倡导工匠精神，与创新、创造精神本质上也是一致的。

近年来，以物联网、移动互联网、大数据、云计算为代表的新一代信息技术，以 3D 打印、机器人、人机协作为代表的新型制造技术，与新能源、新材料和生物科技交叉融合，创新智能制造技术，并不断取得突破，为实现“中国制造 2025”的宏伟目标指明了方向，奠定了坚实的基础。

多年以来，海尔始终专注于数字化互联工厂的规划建设。海尔集团创始人张瑞敏说：“海尔的互联工厂，通过信息互联，实现了从大规模制造向大规模个性化定制的转型。全球用户可以在任何地点、任何时间定制个性化产品，并全程参与设计、制造过程，个性化定制服务为用户带来了全新的选购体验。”

在空调行业引进互联网技术，消费者可以根据自己的喜好自由选择空调的颜色、款式、性能、结构等，定制独一无二的专属产品。订单提交后实时传到工厂，智能制造系统自动排产，并将信息传递给各个工序生产线及所有模块商、物流商。在这一工程中，变的是技术，不变的是工匠精神。

互联网时代，随着80后、90后等群体成为市场消费主流，其消费需求愈加个性化、碎片化。用户不仅希望定制专属的个性化产品，更希望参与到定制产品的生产过程中。显然互联工厂是实现产品生产全流程可视化的重要载体。在海尔空调互联工厂内，机器人成为工厂生产的主体，并应用全球先进的信息化管理系统进行管理，实现了真正意义上的“人机互联、机机互联、机物互联”。

一方面，通过智能扫码分拣，即使是同一条生产线上出来的模块也可以被精准送往下一环节，整机生产过程可被全程追溯；另一方面，智能化信息系统自动识别后，不仅可将用户个性化信息传递给各个工序生产线，而且不同生产工序间也可进行信息沟通，工厂员工可及时掌控整个生产线的动态。这种工厂内不同机器互联互通的形式，不仅极大地提升了产品生产效率及质量，也为实现用户需求的个性化与可视化奠定了坚实的基础。

阅读思考

1. 根据你的理解，谈谈什么是创新。
2. 结合有关案例，说说为什么“创新是一种资源”。

任务实践

学习完本项目的内容后，认真完成表3-1的实践清单。

表3-1 实践清单

践行做事先做人的工匠精神	
实践任务	选择一个社区服务项目，通过实践活动展示做事先做人的工匠精神。
实践目标	（1）将道德和职业道德作为行为准则，践行诚信、责任、尊重等价值观。 （2）追求卓越，追求工作质量和效率，注重细节和品质。 （3）通过实践活动，加强与他人的合作和沟通能力，提升领导力和团队合作精神。
实践步骤	（1）选择一个有针对性的社区服务项目，例如宣传环保、义务教育辅导等。 （2）制订项目计划和目标，组织团队成员，确定具体的任务和工作安排。 （3）按照计划执行项目，注重细节和执行力，保证项目按时完成，并确保质量和效果。 （4）与社区成员和团队成员保持良好的沟通，建立合作关系，鼓励团队成员积极参与并发挥各自专长。 （5）项目结束后进行总结和反思，总结经验和教训，提出改进意见和建议。
实践提示	（1）培养与他人合作的能力，倾听他人的意见和建议，通过协作提升整体效能。 （2）诚实守信，认真履行职责，以诚信和责任打造良好的口碑和信任。 （3）不断提升自身能力和素质，注重细节和品质，在工作中追求卓越。
实践总结	

实践评价

完成以上实践后，认真完成表 3-2 的实践评价。

表 3-2　实践评价

评价内容	分值	得分
参与实践的积极性、主动性	25	
独立思考能力	25	
创新能力	25	
对工匠精神之道的理解程度	25	
教师点评：		

第四单元

巧手慧心——工匠的自我修养

【单元导读】

工匠的自我修养注重内心修炼和追求完美的价值观。工匠的自我修养强调内心修炼，认为心态决定成败。他们热爱工作，视之为成长机会。他们维护人际关系，提升工作效率，追求高品质生活，注重财务独立，理解经济成功非全部，重视精神满足。

【学习目标】

◎ 知识目标

（1）了解心态在成败过程中起的主导作用。

（2）学习如何处理人际关系。

◎ 素质目标

（1）在某个行业中，要求自己不断进行自我反省和成长，发现并改善自身的不足之处，持续提升个人素质和能力水平。

（2）培养责任感和坚韧的品质，做到对自己的工作和承诺负责，不轻易放弃，坚持追求卓越。

（3）鼓励发展创造力和创新能力，勇于尝试新的理念和方法，努力提高工作效率和生活质量。

【思政目标】

（1）培养正直和诚信的品质，在工作中坚守职业道德和个人道德。

（2）意识到个人的行为对社会和环境产生影响，积极参与社会公益活动，关注环境保护和可持续发展。

（3）在追求财富和成功的同时，保持社会责任心，注重财富的共享与回馈，为构建和谐社会贡献自己的一份力量。

第一节　心态决定一切

心态决定一切，什么样的心态就决定什么样的人生。命运不可见，一个人很难把握自身的命运，遂有“命中注定”之类的话语左右我们的生活。然而，当我们知道心态是决定命运的基础时，那么命运又有什么不可把握的呢？心态是你可以随时改变、纠正和改善的。人的潜能是无限的，好的心态能使人迸发出巨大的能量，而能量又能改变一个人的一生。心态与个人的命运息息相关，无论是做人还是做事，我们都必须保持良好的心态。只有心态端正了，做人、做事才会得心应手。

决定人生成败的因素有许多，个人能力、家庭背景、社会关系、机遇等都是不可或缺的。然而，心态却在人生的整个过程中起着主导作用，它规范了一个人的思维和言行。世上任何一个人的成功与失败都逃不出“心态”这种神秘力量的引导和支配。

一、初学者的心态

所谓初学者心态，不是学生般的诚惶诚恐，它是一种谦卑的态度和不迷惑于表象而洞察事物的勇气。乔布斯的办公室里就有一条标语：“东方哲学中有一句话：永远保持初学者的心态，拥有初学者的心态是件了不起的事情。”

“初学者看待问题的角度多种多样，但专家看待问题的角度少之又少。”这是禅宗大师铃木俊隆对世人的告诫。因为初学者的心态意味着在每一个状态出现时，都有可能以最初的感受来做回应，而不会心怀成见。

相信不少人都有这样的经历：到一个新环境，比如，搬家或者旅游，看到身边的一切都是新鲜的。当在一个环境中待了一阵子后，那些原来让你惊喜的风景、建筑、小吃等都变得习以为常，而你对它们也慢慢地视而不见了。

对，这就是人之常情，所以乔布斯说：“拥有初学者的心态是件了不起的事情。”

当我们刚刚获得一份新工作的时候，无不欢呼雀跃：专业对口的人踌躇满志，想大显身手；专业不对口的人也摩拳擦掌，打算后起直追——反正“艺多不压身”。

但是，随着时间的流逝，三个月、半年、一年、三年……我们熟悉了工作流程，也失去了工作热情，工作就这样变成了按部就班的例行公事。

一个具有初学者心态的人，喜欢提问，不害怕争论，而且对未知充满了好奇。因为要想掌握学习的精髓，提问是很重要的一点。当然，保持初学者心态的人，在独立思考的前提下也善于倾听，因而能精确地认识事物的本质。

在工作中，只有拥有初学者的心态，才能始终保持一种对知识的渴望，较少地将自己的想法、判断与期望投射在其中，从而会把时间都放在如何有效地度过每一分、每一秒上。

拥有初学者的心态，个体就拥有无与伦比的激情。我们都知道，激情是开发自身潜能的有力武器，所以保持初学者的心态，就等于为自己打开了一条通往智慧的开放通道。

保持初学者的心态，有助于一个人汲取外界的营养，获得走向成功的正能量。然而，时刻保持初学者的心态并不容易。尤其是当一个人在某些领域已经有所成就，仍能保持一种初学者的心态，更为难能可贵。一位从事旅游业的经理，曾经说过一件很有代表性的事。

有一次，一位商学院的学生来商量毕业旅游的事。由于人数较多，又是学生，所以副社长亲自接待了他，而这位经理恰好在场。

显然，这位学生对旅游比较感兴趣。一切谈妥之后，就开始跟副社长聊起了旅游业的商业规划，提出了很多战略，当然离不开书本的理论知识。副社长听得很认真，还不时地提一两个问题，学生也很耐心地作答。

其实这位副社长从业已经七年，打理该社也有五年，论知识、阅历都远远超过这个学生，他却以一个新手的身份虚心地请教。经理后来感叹道："我不敢保证，如果一个大一的师弟或师妹在我面前侃侃而谈，觉得我应该这样或应该那样，我会毫不厌烦且虚心地听他讲。"

很明显，这位副社长并不只是谦虚而已，也不仅是遵循人际交往的一些既定法则，他是把自己放在一个初学者的位置上，向他人请教并学习。也许有人要说："那个一知半解的大学生能教他什么啊？"未必，因为"生命有限，知识无穷"，任何一个人，即使他在某一方面的造诣很深，也不能说他已经精通或研究透彻了。所以古人有"一字师"，孔子云"三人行，必有我师"，就是这个道理。

总的而言，保持初学者的心态，对于一个人培养工匠精神有以下几个好处。

（1）保持对工作的热情，激发智能和潜力；

（2）减少因重复工作带来的怠懒和疲倦，让工作更快乐；

（3）利于跟身边的人有效沟通；

（4）有助于让自己日益精进。

从现在开始，把自己当成一名初学者。你会发现，眼中看到的都是新鲜的事物，这种力量将会促使你将工作完成得趋于完美，并成为一个合格的工匠。

二、自我反省和总结的心态

在棋类博弈中，有一种行为叫作复盘，就是指在分出胜负后，双方棋手把刚才的对局再重复一遍。很多棋手在平时训练的时候，都把大多数时间花在复盘上。复盘的好处是可以加深双方对此次棋局的印象，也可以找出彼此攻守中的漏洞。可以说，复盘是提高自己水平的绝好方法。通过复盘，当以后某种类似的局面出现时，你能很快知道自己该如何去应对，从而对下一步的走向做出判断。

在工作中，我们也应具有复盘的能力。这种能力表现在每天工作结束后，我们及时进行自我反省和总结。这是为了总结一天工作的得失，吸取经验教训，也为以后的工作顺利开展做好铺垫。

那么，一个人在工作和生活中，如何实现复盘，让自己持续精进呢？

养成记录工作感悟的习惯，有助于增长复盘能力，时间长了，不但能积累丰富的工作经验，同时也能使自己的心性得到磨炼。复盘的关键在于自省，正所谓“知人者智，自知者明”，懂得客观地看待自己，反省自己，既是一个人修身的基本功之一，又是增强实力的一条重要途径。很多成功人士都把自省作为鞭策自己的有力工具。比如，孔子的学生曾参。

曾参，即曾子，字子舆，春秋时期鲁国人。他是孔子的得意门生之一，以孝行见称，且为人非常谦虚，严于律己，善于作自我检查，注意内省修养。《论语·学而》载：“曾子曰：‘吾日三省吾身——为人谋而不忠乎？与朋友交而不信乎？传不习乎？’”意思是：“我每天都要多次反省自己——替别人办事是否尽心竭力了？与朋友交往是否以诚相待了？老师传授的学业是否好好复习过了？”曾子认为，进行道德修养，要按照一定的道德规范和要求，每天多次检查自己的言行，看有没有不合乎道德的地方，以改正自己的缺点和错误。

曾子参与编制了《论语》，创作了《大学》《孝经》《曾子十篇》等作品。他提出的修、齐、治、平的政治观，构成了一套完整的封建伦理道德的政治哲学体系。曾参取得的这些成就，与他内省、慎独的修养观是密不可分的。

我们对一天的工作进行复盘后，可以从以下几个方面来反省自己，见表4-1。

表 4-1　反省自己的几个方面

反省的方面	反省的问题
工作态度	今天的工作有无偷懒的行为？是否尽了全力？有无浪费时间？
工作方法	今天所做的工作处理得是否得当？有无可能出现更好的结果？
工作进程	今天的工作是否完成了既定的目标？是否给自己提出了更高的要求？
人际交往	今天对人是否友善？是否说过不当的话？有没有伤害过别人？

一个人最难战胜的就是自己。不要害怕自我否认，因为懂得反省实际上代表的是充分自信。所以，一个合格的工匠，应在不断反省中获取力量，持续精进，成就卓越。

三、用智慧驾驭你的情绪

一提起情绪，人们常常觉得它是理性的对立面，其实不完全是。因为人们一般认为，快乐、愤怒、恐惧和悲哀是人类四种最基本的情绪，这些情绪与人的本能需要紧密相连，其中包含着丰富的智慧。

一个人的情绪智慧，可以简单地看作人对自己情绪的控制力，即一个人对自己情绪的意识水平和管理水平。冲动是魔鬼，每个人都应学会用智慧驾驭自己的情绪。

从前有一位名叫爱地巴的男士，每当他陷入与人争执的怒火之中，他都会迅速返回家中，围着自己的土地和房屋跑上三圈，随后坐在田边平复呼吸。随着年月的推移，爱地巴的辛勤工作使得他的土地愈发广阔。但不论其地产如何增加，每当怒火中烧，他总会坚持跑完这三圈。这个习惯在熟悉他的人中间引起了不小的争论，然而无论怎么询问，爱地巴都选择保持沉默。

岁月流转，爱地巴步入了暮年。某日，当他又一次因争执而愤怒，他拄着拐杖艰难地绕着土地和房屋行走。当太阳落山时，他终于完成了三圈的行走，独自坐在田边喘息。此时，他的孙子走上前来，带着恳求的语气问道："阿公，您已经年迈，且您的土地是附近最广阔的。能否告诉我，为何您每次生气都要绕着土地跑上三圈？"

面对孙子的询问，爱地巴终于透露了多年来的秘密。他缓缓地说："在我年轻时，每当与人争吵或生气，我就会绕着土地和房屋跑三圈。在奔跑的过程中，我会思考，我的房子和土地都如此有限，我哪有资格和时间去与人争执呢？这样的想法让我很快冷静下来，将精力投入到工作中。"孙子进一步问道："那么阿公，您如今已经很富有，为何还要坚持这个习惯？"爱地巴微笑着回答："即使现在，我仍会生气。但当我绕着土地和房屋跑时，我会想，我的地产如此广阔，我又何必与人斤斤计较呢？这样的念头让怒火迅速消散。"

（资料来源：王阔著《学点哲学人生不再迷惑》，有改动）

常言道，遇事莫生气，生气是用别人的过失来惩罚自己。控制情绪并不是提倡人们要每天冷若冰霜、不苟言笑，而是指让情绪成为自己的助力而不是阻力。比如，我们在生活中都碰到过这类事：上班路上，突然堵车，紧赶慢赶还是迟到了；你坐在电脑前正专心致志地工作，突然停电了；谈得好好的客户，突然毁约不签单了；同事莫名其妙地埋怨你，其实那件事跟你基本无关……这些影响我们情绪的事实在太多了，但是懂得如何处理才是智慧。

有位成功的企业家曾经与别人分享过自己的经验。他说，当自己觉得很沮丧、很困难、很生气、很想放弃的时候，他会把自己关在办公室里 5 分钟，允许自己用 5 分钟去释放负面情绪，然后积极地投入工作。

他这样做有两个原因。一是人不可能没有负面情绪，七情六欲才为人。如果完全克制情绪，反而会造成情志病。二是 5 分钟的限度比较合适，既不会让负面情绪过分压制，又不会因为长期停留在负面情绪中而影响工作。

如何提高自己控制情绪的能力，减少负面情绪的影响，增强正面情绪的力度？我们可以从以下几个方面着手。

1. 转移负面情绪

当发现自己出现负面情绪时，一定要先保持冷静，再采取移情法将之转移。比如，数数字，从 1 慢慢数到 60，你会发现自己的负面情绪没那么强烈了。类似的方式还有很多，我们可以根据自己的条件选择合适的方法。

2. 激励自己，保持正面情绪

拥有正能量的人，不论是工作还是生活都会比较顺利，因为正面情绪会吸引身边同样正向的能量。所以，一个有情绪智慧的人，懂得自我激励，也能有效地利用生活中的正面因素。

有位老太太每天闷闷不乐，因为她有两个儿子，大儿子是卖伞的，二儿子是染布的。晴天的时候，她不快乐，因为大儿子的伞卖不出去；雨天的时候，她也不快乐，因为二儿子的布晾不干；阴天的时候，她更不快乐，因为伞没人买，布也不好晾。

老太太终于病了。大夫诊脉后却不开方，而是对她说，你换一种思维吧。天下雨，你想，大儿子的伞卖得很好；天晴，你想，二儿子的布会晾得很干。这样一来，你无须吃药，病就好了。

世界对每个人都是相似的，但是看世界的眼光因人而异。所以，学会用正面的思维去看待工作中、生活中发生的各种事情，是养生之道，也是成功经验。

3. 学会幽默

有一种说法叫“幽默是智力过剩的表现”，这说明幽默是一种能力，并不是每个人都能拥有的。中国人是世界上最懂得幽默感的人，这跟我们的传统文化有关。幽默对于一个人而言非常重要，因为它不但能减少人们的精神和心理压力，还能传递一份快乐、积极的能量，所以幽默的人非常容易获得他人的好感，为人处世也便利许多。

幽默可以帮助我们处理一些紧急事件，并化险为夷；也可以在碰到不利的情况时，化解敌意。比如，在谈判的时候，最容易出现剑拔弩张的气氛。善于控制情绪者，常常会用一两句幽默的话来舒缓紧张的气氛；而不善于控制者，可能会因为这种紧张气氛而使自己也变得焦虑，最终火上浇油。

现在，人们都知道“控场能力”的重要性，而一个“控场者”，首先要做的就是控制自己，因为自己是最大的敌人。而控制自己的重要环节，就是控制情绪，这是一种智慧，也是工匠必不可少的能力修炼。

河北籍格斗女王张伟丽年少时是个暴脾气，有时别人一句话说得不对，她就会大动肝火。后来，她进入社会，当过幼儿园老师、酒店前台、超市收银员……遍尝生活艰辛。但她注重总结、修炼，身上的戾气逐渐收敛。

2020 年，张伟丽对战波兰选手乔安娜。赛前，乔安娜对张伟丽百般挑衅，甚至指着张伟丽说：“我一定会打爆你！”但张伟丽却不为所动，只是微笑看着对方。

比赛过程中，张伟丽也是端定心神稳扎稳打，最后成功将“五冠王”乔安娜击败，获得世界顶级格斗比赛 UFC 的冠军，成为第一个拿到该奖项的亚洲人。

这个事例说明，善控情绪，方成梦想。凡遇到一点冒犯就急得跳脚的人，往往生活过得一团糟。真正的强者，遇到天大的事都能收敛情绪，稳住脾气。因为他们胸有一片汪洋大海，小风小浪在他们生活中掀不起任何波澜。

四、接受批评的谦虚心态

这个世界上能创下与众不同事业的人很多，但无论他们是白手起家还是本来就手握资源，都有一个共同点：绝不苟安，永不停止对事业的追求和对自身能力的提升。

要提升自己的能力，很重要的一点是，能虚心听取他人的意见，接受他人的批评。

一个人能正确对待他人的批评和建议，不断提高自己，直至生命最后一刻，那么他一定会把自己雕琢得十分完美。

“竹外桃花三两枝头，春江水暖鸭先知。”苏东坡的这两句诗可谓脍炙人口。我国著名画家徐悲鸿也因此作画，取名为《写东坡春江水暖诗意》。这幅作品曾碰巧被一位乡下老农看到，老农向徐悲鸿指出了画中的错误。他对徐悲鸿说：“先生，您这幅画的鸭子画错了，您画的是麻鸭，可是现实中雌麻鸭的尾巴没有这么长的。”原来，徐悲鸿画中麻鸭的尾羽长且卷曲。

老农告诉徐悲鸿：雄麻鸭羽毛鲜艳，有的尾巴卷曲；雌麻鸭毛为麻褐色，尾巴是很短的。

徐悲鸿听完以后，表明自己疏于写生，坦然接受了批评，并向老农表示深深的谢意。

他并没有因为老农的身份而选择漠视不理，而是虚心请教，不仅改进了自己的画作，也受到众人的敬仰。

当我们选择忽视自己的错误时，我们只会让自己显得更加弱小和不可靠。相反，坦诚地承认我们的错误，可以让我们获得更多的信任和支持。

一位伟人曾说过：“你的心态就是你真正的主人”。你的态度如何，在一定程度上已决定你是失败还是成功。要改变现状、克服困难，首先要做的就是端正态度，没有正确的态度，这一切就无从谈起。

阅读思考

爱默生说：“一个朝着自己目标永远前进的人，整个世界都给他让路。”谈谈你对这句话的理解。

第二节 爱上你的工作

无论从事什么行业，我们首先要热爱自己的工作。《论语》中有这样一句话：“知之者不如好之者，好之者不如乐之者。”这明确概括了工匠精神的第一要素：干一行，爱一行。真正的“工匠精神”，既不会于无聊反复的工作程序中自然天成，也非仅具天才之人才能攀此高峰，唯有“干一行，爱一行”的职业追求方得始终。

几年前，美国的一个心理学教授做了项有趣的实验。他将一群人分成甲、乙、丙三组，并让他们完成一份极为枯燥乏味的工作。工作做完后，其中甲组无奖赏，乙组会受到低奖赏，丙组受重奖。除此以外，乙组的人还要认真地向其他组的人说这项工作多么有趣，结果乙组的人比其余两组的人都更喜欢这项工作。

上面的心理学实验告诉我们这样一个道理，当人们认为一项工作枯燥烦闷时，却还要向别人说它有趣，必然产生认知上的失调，失调之后会企图恢复平衡（自己真的认为这项工作有趣）。从这个结果中，我们可得到的启示就是，当你正在做不喜欢的工作时，要努力接受它，并试着去爱它。

的确，人是具有可塑性的，无论做什么，只要真心投入，总会发现其中的乐趣。也就是说，只要具备良好的态度和责任感，即使不是很喜欢某一行，也能做好它。兴趣是可以培养的，从不喜欢到喜欢、从不爱到爱，需要一个过程，重要的是先去了解它、接纳它、发现它，时间长了就会慢慢喜欢上它，就像谈恋爱一样。所以，一个人无论从事什么职业，都应做到干一行，爱一行。

王一帆，2018年加入某公司，刚开始被分配至洗矿车间，学习分级机操作。车间环境恶劣，粉尘弥漫，尽管配备了防护口罩，仍难以完全避免吸入。除环境脏乱外，工作强度亦大。同期加入公司的百余人中，仅王一帆等十余人坚持下来。王一帆认为，男子汉应勇往直前，不畏艰难。为成就事业，这点困难微不足道。他决心做好本职工作，积极钻研分级机技术，向老师傅虚心请教，业余时间亦不懈钻研。

分级机的安装、操作及保养技术要求高，需全面掌握其结构和工作原理，并在实践中摸索经验，以提高操作水平。王一帆在工作中始终保持高度认真和专注，确保操作准确无误，避免意外发生。他对待每一项任务都极其重视，严格要求自己，力求将工作做实、做细、做扎实。他生产的产品质量合格，且安全无虞，赢得了领导和客户的一致好评。

王一帆对事业的热爱和无私奉献精神激励着他全身心投入工作。他始终以极强的责任心、饱满的热情和良好的心态面对各项任务，努力让领导和客户满意。2020 年，王一帆被调至三厂分级机班组工作。面对新建的三厂，他服从领导安排，积极克服困难，与同事们共同努力，圆满完成了公司交给的所有订单。

2021 年，因公司需要，王一帆再次被调回一厂粉碎车间分级机班组工作。面对新的挑战，他豪情满怀，斗志昂扬，立志继续做好工作。他始终以身作则，用实际行动践行自己的信念。虽然没有豪言壮语和丰功伟业，但他以朴实无华的态度和任劳任怨的精神，在平凡的岗位上默默为公司的事业发光发热。

工匠精神首先是一个“工”。正所谓“有位”才能“有为”，这是发扬工匠精神的前提。工匠精神其次是一个“匠”。从“工”到“匠”不是简单的跨越，而是一种质的突破。

爱岗敬业是职业道德的内涵之一。顾名思义，爱岗就是热爱自己的工作岗位，热爱本职工作；敬业就是要用一种恭敬严肃的态度对待自己的工作。爱岗敬业作为最基本的职业道德，是对人们工作态度的一种普遍要求。

我们如今所极力倡导的工匠精神，其对产品的精雕细琢、对质量的精益求精是无数个爱岗敬业的能工巧匠的不懈追求。

大国工匠精神的铸造，需要有千千万万爱岗敬业者的强力支撑。屠呦呦为搞清楚一种草药，帮助人类抗击疟疾，半个多世纪矢志不移；袁隆平一辈子和杂交水稻打交道，躬身在田间地头；华为总裁任正非在公司最困难的时候也不开拓副业，30年坚定不移地专注通信领域；央视播出的《一生择一事》，所聚焦的都是各行各业在普通岗位做出了非凡成就的典范。他们凭着精湛的技艺和坚韧的毅力，为国家担当，为自己的事业或工作圆梦，以一辈子为长度，专心致志地做好一件事，心无旁骛地朝着自己的人生理想顽强挺进。

要想拥有一个充实的人生，只有两种选择。一是“从事自己喜欢的工作”，二是“让自己喜欢上工作”。但问题是，一个人能碰上自己喜欢的工作的概率恐怕不足万分之一，而且即使进了自己期望的公司，要能分配到自己期望的职位、从事自己期望的工作，这样幸运的机会几乎没有。大多数人初入社会，只能从“自己不喜欢的工作”开始。

田利伟，一位在教育战线上默默耕耘了十多年的教育工作者，给人的印象始终是一个勤勉踏实的“大忙人”。他日复一日，年复一年，坚守在岗位上，无论是深夜还是黎明，学校里总能看到他忙碌的身影。当被问及为何如此不知疲倦地投入工作时，他的回答简单而真挚：“能多干工作，首先是领导的信任，其次是可以使人生更充实。”

在学生眼中，田利伟不仅是老师，更是亲人和朋友。他时刻关心着学生的生活和学业，对那些在学习和思想上遇到困难的学生，他从不歧视，而是给予更多的关爱和帮助。他用自己的热情去温暖每一个学生的心田，耐心教育、疏导那些单亲家庭、留守儿童等特殊群体，给他们提供特别的照顾和关怀。

在同事眼中，田利伟是值得信赖的朋友和兄弟。他总是乐于助人，无论谁有困难，他都会竭尽全力去帮助解决。他的热心和善良赢得了同事们的尊重和喜爱。

在当地村民眼中，田利伟是一位好邻居和亲人。他热心助人，无论是生活琐事还是紧急情况，他总是义不容辞地伸出援手。他的善举和勇气赢得了村民们的敬佩和感激。

在某个盛夏的下午，田利伟在家访途中遇到了一位失控的自行车骑手。面对即将发生的危险，他毫不犹豫地冲上前去，用自己的身体挡住了自行车，从而避免了一场可能的灾难。虽然因此受了伤，但他从未后悔自己的选择。

“痴心一片终不悔，呕心沥血育英才。”这正是田利伟对教育事业的执着追求和奉献精神的真实写照。他用自己的行动诠释着教育的真谛，为培养更多优秀人才而不懈努力。

任何工作，当你深入探索之后，几乎总能发现隐藏在它深处的奥妙和乐趣，这种乐趣可以是认识过程的乐趣，也可以是操作过程的乐趣。真正的兴趣是我们融入工作以后，在工作中发现的这个行业所特有的乐趣。

我们每个人都应热爱自己的工作，即使这份工作你不太喜欢，但也要尽一切努力去改变它、热爱它，并凭着这种热情去发掘内心蕴藏的活力、热情和巨大的创造力。事实上，你越热爱自己的工作，你就越会做好它，你的工作效率也就越高。长此以往你也就会真的爱上它。

“干一行，爱一行”是“工匠精神”的最好体现，是一种优秀的职业品质，是所有的职业人士都应遵从的基本价值观。只有爱上自己的工作，才会全身心地投入到工作中去，因为这样会把工作当成一种享受，这样的精神力量是鼓舞人们认真工作、爱岗敬业的动力。只有爱自己工作的人，才能不断提高自己的职业素质，在工作中发挥出自己最大的效率，才会更迅速、更容易地获得成功。

人生的价值在于自我的完全展示，工作正是提供了这样的舞台。选你所爱，爱你所选。从现在开始，创造工作价值，为自己的人生增色，因为你的工作就是你的使命，点滴的精彩铸就生命华美的乐章。

阅读思考

1. 结合你的理解，谈谈工作在一个人生命中的地位。

2. 对待工作，应持有什么样的态度？如何才能享受到工作的乐趣，取得事业的成功？

第三节 正确处理人际关系

社会学将人际关系定义为，人们在生产或生活中所建立的一种社会关系。心理学将人际关系定义为，人与人在交往中建立的、直接的、心理上的联系。现在我们常说的人际关系，主要指人与人的交往，也称为“人际交往”。具有工匠精神的人往往能很好地处理人际关系，使良好的人际关系成为工作和学习中的润滑剂。

一、如何与人相处

与人相处需要尊重和谦虚、倾听和表达、公正和善意等多个方面的因素。通过正确的交流方式和行为习惯，可以更好地与他人相处，建立良好的人际关系。

1. 与老师相处

（1）尊重老师的权威地位和专业知识；

（2）遵守课堂纪律，积极参与讨论和学习；

（3）提出问题并寻求帮助，展示自己的学习意愿和态度；

（4）尊重老师的时间和意见，遵守规定的学习计划；

（5）尽量和善地沟通，表达自己的观点和需求。

2. 与同学相处

（1）尊重每个同学的观点和背景，保持友善和开放的态度；

（2）积极参与团队合作，分享知识和资源；

（3）倾听他人的意见，以建设性的方式提出自己的观点；

（4）尊重个人空间和隐私，建立彼此之间的信任和尊重；

（5）解决冲突时，采取合作和谦和的方式，寻求平等和公正的解决方案。

3. 与上司相处

（1）理解上司的期望，努力达到和超越工作要求；

（2）建立良好的沟通渠道，准时汇报工作进展和问题；

（3）接受上司的指导和反馈，积极改进和提升自己的能力；

（4）尊重上司的权威和决策，遵守公司规章制度；

（5）在工作中展示专业素养和团队合作精神。

4. 与同事相处

（1）尊重每个同事的观点和贡献，营造积极的工作氛围；

（2）表达对同事的赞赏和支持，共同实现团队目标；

（3）理解并尊重各位同事的工作风格和个人习惯；

（4）保持良好的沟通，及时解决问题和冲突，避免长期积压；

（5）分享知识和资源，提供帮助和支持。

5. 与下属相处

（1）建立良好的领导关系，提供明确的指导和目标；

（2）给予下属充分的自主权，鼓励创新和承担责任；

（3）给予及时的反馈和认可，促进下属的成长和发展；

（4）倾听下属的观点和建议，尊重他们的贡献和专业能力；

（5）营造一种积极的工作环境，激发下属的团队合作和工作动力。

6. 与客户相处

（1）尊重客户，以尊称来称呼客户；

（2）保证质量，不能让客户承担质量上的风险；

（3）跟顾客说实话，欺瞒不可取，诚信才是长久之道；

（4）跟顾客成为真正的朋友，这是最高境界，需要长时间的积累和交往。

知识拓展

人际关系对个人的影响

人际关系在各个方面都有重要的影响，以下是几个主要方面的总结。

1. 心理健康

良好的人际关系对人的心理健康至关重要。与家人、朋友和同事建立积极、支持性和互信的关系，可以减轻压力、提升幸福感，并增强自尊和自信。

2. 职业成功

人际关系对人的职业成功产生重大影响。与同事、上司和合作伙伴建立良好的关系，可以提高工作效率、促进合作和创造力，并增加职业发展的机会。

3. 健康和生活期望

研究发现，与亲密的人建立稳固的人际关系，可以提高健康和生活期望。支持性的家庭关系和朋友关系与较低的压力水平、更好的心脏健康、较低的悲伤和更长寿有关。

4. 心理发展和学习

与他人的互动对个人的心理发展和学习起着重要作用。通过与他人交流、分享想法和经验，个人可以拓宽视野、增长知识、培养社交技巧和解决问题的能力。

5. 社交支持和适应能力

人际关系可以提供社交支持，这在困难、挑战和逆境中起着重要的作用。

有良好的人际关系网络，可以帮助一个人更好地应对压力、解决问题，并保持心理平衡和适应能力。

总的而言，人际关系在人们的生活中扮演着重要角色。因此，建立和维护良好的人际关系对人的整体福祉和生活质量至关重要。

二、如何有效沟通

所谓沟通，是人与人之间的思想和信息的交换，是将信息由一个人传达给另一个人，逐渐广泛传播的过程。著名组织管理学家巴纳德认为，“沟通是把一个组织中的成员联系在一起，以实现共同目标的手段”。

在一个组织中，沟通是不可或缺的。管理层与管理层、管理层与员工、员工与员工之间都需要沟通来掌握和传播信息、交流思想，从而使组织内部成员之间把握自己与他人、与总体的动态联系，从而推动组织的发展。

有效沟通可以消除误会、增进了解、融洽关系。如果彼此缺乏沟通，就会产生矛盾，出现隔阂，甚至形成内耗，影响工作的绩效。为了保证组织目标的顺利实现，我们应高度重视管理工作中的有效沟通。通过良好的沟通，为决策者提供全面、准确、可靠的信息，达到组织内部的人际关系和谐，保证工作质量，提高工作效率。

有效沟通可以分为四大步骤。

1. 倾听——沟通的前提

有一桩禅宗公案，叫作“树倒无人听”，阐述了倾听的重要性。

师父问：“如果有一棵树在森林中倒下了，却没有人听见，它是否有发出声音呢？”

有个弟子回答：“没有。因为声音是使人产生听觉的振动，所以无论森林中有多少棵树倒下，只要周围没有人在听，它就没有声音。”

师父认为这个弟子悟到了禅的本意。

工作中的每个点滴都是修行的过程，都能帮助我们反省和精进，与人的沟通当然也不例外。良好的沟通可以看作是和他人一起修行，而倾听就是其中重要的一环。

倾听应做到照单全收，听完再说，不要打断别人的话。如确实需要打断，应礼貌地告诉别人。

2. 区分——对所听内容进行判断和思考

沟通不是表达者的单向输出。所谓“沟通从心开始”，倾听者要用心思考，对所听到的内容进行区分、判断和回应，准确理解表达者所传递的信息。

3. 确认——沟通的灵魂

在沟通过程中，信息可能因沟通者本身的特质或沟通的方式不当而被曲解。因此，信息传送者与接收者之间必须借助不断地回馈，去弄清双方的理解是否一致，我们把这个过程叫作确认。

4. 对话——对沟通内容的再次确认与对事情的各自观点的表达

沟通不畅最大的原因，就是每个人对同一个信息的理解是不一样的，这跟沟通者的阅历、经验、性格、思维方式等有关。我们不可能要求每个人的思想都一样，但是我们可以通过对话来让大家向同一个方向思考。

总之，有效沟通是敬业精神和崇高职业道德的一种表现形式，也是工匠精神的应有之义。学会沟通，掌握沟通技巧，又善于在必然和偶然中运用它，会使许多工作获得事半功倍的效果。

三、人际交往的原则

良好的人际关系无论对个人的成功还是单位的发展都显得十分重要。研究发现，一个成功的人，15% 靠专业知识，85% 靠人际关系与处世技巧。因此，每个人都必须学习建立良好的人际关系。

对于处理人际关系，世界上普遍认同两个基本法则，即“黄金法则”和“白金法则”。黄金法则的精髓是：你希望人家怎样待你，你也要怎样待人。白金法则的精髓是：别人希望你怎么对待他们，你就怎么对待他们。

现代人际交往的原则很多都源自这两个法则，除此之外，还应当注意以下问题。

平等——人际交往的前提。对才能卓越的人而言，懂得平等待人是最伟大、最可贵的品质。坚持平等交往，就要把他人放在与自己平等的位置上，以礼待人，以诚相见。我们每个人都有自己独立的人格、做人的尊严和法律赋予的权利与义务，无论职务高低、资历深浅、知识多寡、生活贫富、身体强弱、年龄长幼，人格上都是平等的，相互之间的关系也是平等的。因此，人与人之间相处，不能因为学历、家庭、经历、长相等方面的客观差异而对人另眼相看，不能只看自己的优点而盛气凌人、只见自身的弱点而盲目自卑。只有加强修养、谦虚待人、尊重他人，才有平等可言。

换位——站在对方的立场去考虑问题。心理学称为“心理位置互换”，就是换位思考，善于从对方的角度和处境认知对方的观念、体会对方的情感、发现对方处理问题的个性方式，实现共情传达，达到感情上的共鸣。有的人总是埋怨别人而不检讨自己，总希望别人理解自己而不去理解别人，总习惯从自己的主观判断出发而忽略别人的价值判断，总喜欢根据自己的经验来指导别人而不顾及别人的心理感受，这样是搞不好人际关系的。如果能够体谅对方、站在对方的角度来处理问题，矛盾就会化解，关系就会融洽。

宽容——密切和融洽人际关系的“润滑剂”。“海纳百川，有容乃大”，一个人应该有宽广的胸怀，因为人们总是喜欢和那些宽容厚道的人交朋友，正所谓“宽则得众”。天下没有两片相同的树叶，也没有两个完全相同的人，处理人际关系不能强求一致，而要求同存异、相互谅解、不求全责备。“水至清则无鱼，人至察则无徒”，既然我们自身都不完美，我们又怎能苛求他人完美无缺呢？“退一步海阔天空”，如果能做到“得让人时且让人，能容人时且容人”，纷争和冲突自然可以消弭。

诚信——良好人际关系的基础。诚信的基本含义是守诺、践约、无欺。人与人之间的交往必须建立在一种互相信任的关系上，这是人们交往的基础。孔子说：“人而无信，不知其可。”诚信是无形的“名片”。古人讲“人之交，信为本”，真诚守信是交往的基本要求，是取得他人理解与信任的前提条件，是获得真挚友情、促使交往成功的最好方法。

尊重——每个人的基本心理需求。尊重饱含着待人处世的智慧，尽显人格操守的高贵。它包括尊重每一个人的人格，尊重他们的正当作为，尊重他们的不同个性。尊重要求一视同仁、讲究平等，不能对上级笑脸相迎、对下级盛气凌人；尊重要具备健康心态、高尚品德，不以领导而倨傲、不以下属而低下；不以富有而骄狂、不以贫寒而卑微。尊重是一朵开在心间的花，它用谦逊、宽厚、理解、包容和友爱来温暖人的心灵。

互惠——人际交往的吸引力。人际交往的过程实际上是相互希望获得需求满足的过程，表现为感情互相慰藉、人格互相尊重、目标互相促进、困难互相帮助、过失互相原谅等多种形式。如果在交往中一方只索取不给予，交往关系就不能维持很久；交往中互利性越高，人际关系就越稳定、越密切。交往中的给予并非都是物质财富。比如，当别人和你说话的时候，倾听就是给予；当别人和你打招呼的时候，点头和微笑就是给予；当别人心情不好的时候，一句问候和宽慰就是给予；当发现了别人优点的时候，一句赞美就是给予。

合作——成就事业的条件。随着人类生存空间的不断拓展，交往的不断扩大，合作的联系也在日益加强。现代社会，分工的精细、科技含量和智力成分比重的增加，使得许多工作不可能依靠个人力量来完成，而要依靠团队的合作来实现。军队便是如此。现代作战讲的是一体化联合作战，是基于信息系统的体系作战，各作战要素间需要“无缝衔接”，军兵种之间、部队之间、战友之间需要配合默契。只有相互合作，才能弥补个人能力的局限，达到预期目的。一个善于交往的人必定是一个善于合作的人。因此，我们必须多一些配合，少一些拆台；多一些协商，少一些固执；多一些沟通，少一些封闭。

欣赏——一种满足他人心理需求的交往方式。希望得到别人的注意和肯定，是人类共有的心理需求，而欣赏就是送给别人的最好礼物。欣赏是情感的黏合剂，是生活的兴奋剂，是工作的催化剂。美国心理学家丝雷说：“称赞对鼓励人类灵魂而言，就像阳光一样，没有它，我们就无法成长开花。”一般而言，每个人身上都有闪光点，关键是你要用欣赏的眼光去看待他人。只要你善于发现，就能发现他们身上各种各样的闪光点。人际关系大师卡耐基说：“避免嫌弃人的方法，那就是发现对方的长处。”智者善于发现人的长处，善于用人所长；而愚者则往往死盯着一个人的缺点。在与人交往中，只要你抱着欣赏的心态对待每一个人，你就会成为受欢迎的人。

弹性——以避免或减轻物体之间的碰撞或挤压。人际交往中需要建立一个“弹性隔离带”，使自己、对方或双方都能获得更大的回旋空间，缓和矛盾，消除误解，减少或避免一些不必要的摩擦或伤害。比如，初次与人交往时要冷热适度，通过逐步的接触来确定交往的深度和关系的程度。不能因过分亲密让人感到交往动机不纯，或是过分冷淡让人认为目中无人或故作深沉。在和与你有矛盾或是有隔阂的人交往时，要谨言慎行；既主动接近，又保持适当距离，既“察言观色”以掌握对方心理；又不过于敏感、捕风捉影、胡乱猜疑，避免使双方的关系进一步恶化，为彼此重新认识和消除误解创造条件。在答应别人时，不要把话说得太满。一旦自己因客观原因无法兑现，就容易给对方留下“言而无信”的印象。在拒绝别人时，不要生硬回绝，要委婉地表达意思，既不伤害对方，又给自己留下回旋的余地。

微笑和倾听——人际交往成功的重要法宝。微笑和倾听是最简单、最直接表示对他人友好的一种方式，包含着“你使我感到快乐”“我很高兴见到你”“我同意你的意见”“我很欣赏你”等含义。这不但会改变他人的心情，而且还会改变你自己的心情。朋友间发生矛盾时，微笑是灭火器，它能熄灭怒火，化干戈为玉帛，“一笑泯恩仇”。讲话时，要精神集中，表情专注，正视对方并经常和对方交流目光，表现出倾听的兴趣，切忌小动作，以免对方认为你不耐烦；要适当赞许性地点头、微笑、做手势，或不时用“哦”“对”“是这样”，以及重复一些你认为重要的话，表示你在注意倾听，鼓励对方继续讲下去；要用自然、真诚的表情来回应对方的谈话；要力求站在对方的立场考虑问题，对对方表示关心和理解，不要轻易地与对方争论或妄加评论，也不要轻易插话和无故打断他人的谈话。

语言——人际沟通的桥梁。“良言一句三冬暖，恶语伤人六月寒。”用不同的语气来表达同一个意思，往往会有不同的效果。与人交谈时要注意言语的分寸，不能口无遮拦、信口开河。与朋友交往时，说话要真诚，不含虚假成分，但不能随意当众揭别人的短，更不能不注意表达的方式方法。该直爽的时候直爽，该委婉的时候就要委婉；否则是达不到交往效果的。不要随意打断对方的谈话，打断他人讲话是不尊重他人的表现；也不要好为人师，总显得比别人懂得多就会让人不愉快，要给他人说话的机会，给他人表达自己意愿的权利；如果不是原则问题，不要随便对他人进行是非判断，也不要随便对他人谈话的内容表示怀疑，对他人说话中的非原则性错误，不要当众纠正，以免造成难堪局面。

关爱——只有真诚地关爱他人，才会得到他人同样的回报。人人都希望得到关爱，这是人的正常需求。如果你希望在生活和工作中与他人愉快相处，并得到他人的尊敬和信赖，就不要忽视他们在日常生活中所遇到的困难，并尽可能给予帮助。在小事上能够帮助他人的人，才会在大事上表现出非凡的气概，得到他人的尊敬和赞誉，他人才愿意与之结交。应宽厚待人，不因私怨而记恨在心，更不能以怨报怨；要善于体谅他人，不强人所难。

知识拓展

口头交际中的表达技巧

在日常工作、学习和家庭生活中，面对熟悉的同事、朋友、家人，说话常用的是平实明确、通俗朴素的语言。“信言不美，美言不信”（老子《道德经》），诚恳坦率，直言快语，不需要太多的讲究；但进入社交场合就必须讲究口头表达的技巧。

1. 委婉

委婉是表达者将一些不宜直说，或不想直说，但又不得不说的意思，用语言加以伪装和掩饰，曲折含蓄地表达出来。委婉表达通常有以下几种方法。

（1）代替

当说话涉及大家忌讳或敏感的问题时，可利用近义或模糊的言语来代替。

（2）借用

当遇到难以正面回答的问题时，可借用事物的特征来代替事物的本质作答。

（3）曲折

用曲折含蓄的语言表达自己的看法，让对方在回味你的言语中理解其意思。

（4）巧取

有些成双成对的成语、歇后语、古诗词，上下句之间都有表里或对立这样的意思。如果用巧取的技巧只说上句而不说下句，同样能构成委婉。比如，某位朋友在卡拉 OK 厅演唱歌曲，唱得不好，我们只说“你真是不鸣则已啊”就够了，这要比把后面的“一鸣惊人”明说出来更好。又如，揭露那些用手段让志愿者上圈套的人，只说“你这是姜太公钓鱼”，意思也就明白了。

2. 模糊

模糊表达，是指语义所体现的要领在外延上没有明确的界限，或出于表达策略的需要，故意使用一些不确定的、不精确的语言，达到交际的目的。

对于一些不宜说得太具体或太肯定的内容。如地方，可用“某些场所”“在北方”等；如人物，可用“很不错”或“不怎么样”等；如条件，可用“在某种情况下”等。这样的表达虽不确切，但可以传递更多的信息，也留下更大的回旋余地。

值得注意的是，模糊表达并不是表达不清或含糊，更不是糊涂语言。不能像笑话中说的那样。有一天主人请客，已备好一桌饭菜，一会儿来了两个客人，还有一个，左等右等也没来，主人说“该来的怎么还不来。”引起客人怀疑：“莫不是我不该来？”于是一位客人起身告辞。他刚走，主人又说：“不该走的走了。”剩下的一位客人一听了，也拂袖而去。这位主人就是表达不清，是糊涂语言，而非模糊语言。运用模糊语言应恰到好处，不深不浅，要为对象所能领会；不能因此引起歧义而造成对方误解，更不能不分对象、场合滥用。

3. 幽默

幽默是智慧的闪现，是口语中机智、风趣的一种表达技巧。

说话者把严肃的内容与不严肃甚至荒唐的东西配合在一起，造成一种不合常情的、对事物或事理故意“歪曲”的喜剧效果。幽默通常借助各种修辞手法，运用凝练的语言来表达。幽默是交际的润滑剂，有助于化解矛盾，把严肃的问题轻松化；也可以缩短双方的心理距离，使双方加深了解，产生亲近感。幽默还可用来处理尴尬场面，调和交际场合的气氛，使自己由被动变为主动。

在日常社交活动中，幽默的运用尽管有很多益处，但也不可滥用，要注意分寸和尺度，即应考虑场合、对象、地点、时间等因素。

4. 拒绝

拒绝是一道难题，也是一门艺术。在人际交往中，你经常会遇到别人对你提出正当或不正当的要求。在条件尚不成熟或因主客观原因不能满足对方的要求时，虽然盛情难却，但你必须拒绝。然而，拒绝的方式不同，带来的效果也大不一样。有的招致对方的怨恨，甚至会带来很多麻烦，而有的却能使对方心悦诚服，不再强求。

要学会拒绝，关键是讲究言语表达的技巧。一是语气要诚恳谦恭，诙谐幽默；二是要主动出击，先发制人；三是要不露痕迹，巧妙暗示。

阅读思考

1. 在日常的学习生活中，你与老师、同学的关系如何？
2. 通过本节内容的学习，你学到了哪些人际交往的知识和技巧？

第四节　财富与人生

李嘉诚说：“财富是人生的副产品，但只有把握好它，才能真正掌握自己的命运。”金庸说：“财富可以带来物质上的享受，但真正的幸福来自内心的满足和快乐。”。

任正非，作为华为公司的创始人和现任董事长，不仅成功引领该公司跻身全球最大电信设备供应商之列，其背后的创业历程更是一部充满坚韧与毅力的史诗。尽管在华为扬名国际之前，任正非遭遇过无数次的失败与困境，但这些挑战反而成为他前进道路上最宝贵的经验。

任正非出生于中国甘肃省的一个平凡家庭，在大学时期专攻物理学和计算机科学，并以卓越的技术能力迅速崭露头角，成为一名杰出的工程师。毕业后，他进入中国人民解放军研究所工作，积累了大量的技术和管理经验，为他日后的创业之路奠定了坚实的基础。

1987 年，任正非携手几位志同道合的工程师，共同创办了华为技术有限公司，专注于电信设备的研发与销售。然而，初创期的华为并未立即获得成功，资金紧张、市场份额有限以及激烈的市场竞争等问题层出不穷。

面对这些困境，任正非从未言败。他坚信自己的商业理念和团队实力，持续对公司的产品和服务进行迭代改进。在他的坚定领导下，华为逐渐踏上了成功之路。

进入 90 年代，华为开始积极扩张海外市场。任正非领导团队不断创新，推出了一系列引领行业潮流的产品和服务。公司的业务范围也从单一的电信设备销售，逐步拓展至移动通信、云计算、智能家居等多个领域。

在华为迅速崛起的同时，任正非也不忘提升自身管理能力。他重视员工创新能力的培养和团队精神的塑造，建立了一套独具特色的企业文化体系。这使得华为成为一个高效、创新和开放的组织，吸引了众多优秀人才的加入。

然而，华为的成功并非一帆风顺。在公司快速扩张的过程中，它也面临着诸多挑战和困难。例如，2003 年，印度政府曾禁止华为参与当地电信项目，给公司的业务发展带来巨大冲击。然而，任正非凭借坚定的决心和智慧，通过聘请当地人才、提升产品质量和服务水平等措施，最终重新赢得了印度政府的信任和支持。

此外，华为还面临着来自美国政府的压力和质疑。但任正非始终坚守自己的信念和商业道德，带领公司积极应对挑战，并提出了一系列解决方案。最终，华为不仅成功克服了这些困难，还成为全球电信设备领域的佼佼者。

如今，华为已成为全球知名的科技公司之一，拥有超过 19 万名员工和遍布全球的众多客户。任正非本人也跻身中国商业领袖和公共人物的行列，他的成功经历激励着无数追求梦想的人们。

（资料来源：搜狐网《“从穷困到富豪”：任正非创业路上的励志故事》，有改动）

任正非的创业经历鼓舞着无数人前行。他的成功并非一蹴而就，而是经过无数次的失败和挫折，但他从未放弃，而是选择从中汲取经验和教训，不断调整策略，最终走向成功。

他的经历深刻揭示了，真正的财富并不只是金钱的累积，更是源于对梦想的执着追求和坚持不懈的努力。

我们不能期待一夜之间暴富，而是应通过不断地学习、创新和实践，逐步提升自己的能力和价值。只有这样，才能在竞争激烈的市场中脱颖而出，实现自己的财富梦想。

雷军是小米科技集团的创始人和董事长。在创业之前，雷军曾在金山软件工作，在中国 IT 行业积累了丰富的经验。然而，他一直怀有一个大胆的梦想，希望将中国科技公司推向世界舞台。

雷军创办了小米科技，一个专注于智能手机和智能设备的公司。小米通过创新的商业模式和高性价比的产品迅速在中国市场崛起，成了一家备受瞩目的科技公司。雷军的个人财富也随着小米的成功而增长，成为中国富豪之一。

然而，雷军并不仅满足于财富的积累。他始终坚持着社会责任和公益事业，将部分财富用于社会公益事业的发展。他设立了雷军公益基金会，并积极参与各种公益活动，包括教育、扶贫和环境保护等领域。

除了经济上的成功和社会责任，雷军也强调价值观的引导和思政的培养。他在小米企业文化中强调团队合作、创新精神和奋斗精神，并鼓励员工在个人成长的同时，为社会做出贡献。雷军也通过各种演讲和分享，向年轻人传递积极向上的价值观和思政教育的重要性。

雷军的创业故事展示了梦想、财富和人生的多个维度的关系。他的成功既来自商业创新，也来自对社会责任和公益事业的关注。他注重企业文化的建设，以及对年轻人的价值引导和思政教育。这个案例向我们传递了不仅追求个人成功和财富，而且要将梦想与社会责任相结合，为实现更全面的人生而努力的重要思想。

阅读思考

1. 通过乔布斯和雷军的经历，你学到了什么？
2. 你是如何理解金钱与个人价值之间关系的？

任务实践

学习完本项目的内容后，认真完成表 4-2 的实践清单。

表 4-2　实践清单

培养心态，践行工匠精神实践	
实践任务	选择一个具体的项目或任务，通过实践活动展示心态决定一切的工匠精神。
实践目标	（1）乐观向上的态度是成功的前提，用积极心态面对困难和挑战。 （2）追求卓越，注重细节和品质，以专业的态度对待工作和生活。 （3）通过实践活动，提高自己的专业能力和职业素养，提升工作效率和品质。
实践步骤	（1）选择具体项目或任务。 选取一个具有挑战性或创新性的项目或任务，要求能够注重细节和品质。 （2）制订计划。 制定详细的计划和时间表，包括任务分解和工作分配，明确目标和责任。 （3）实施项目。 用专业的态度和高品质的标准完成任务。付出额外的努力保证质量，减少错误和缺陷。 （4）反思总结。 在项目结束后进行总结和反思，分析过程中遇到的问题和困难，和团队一同总结合作经验和学习，寻求提升下一个项目的建议。
实践提示	（1）在工作中遇到困难或挫折时，保持乐观向上的心态，积极主动地解决问题。 （2）在任务和目标上追求卓越，付出额外的努力和时间保证质量和细节，注重品质和效率。 （3）与团队成员保持良好的沟通，寻求集体智慧，发挥各自的特长，共同完成任务。
实践总结	

实践评价

完成以上实践后，认真完成表4-3的实践评价。

表4-3 实践评价

评价内容	分值	得分
参与实践的积极性、主动性	25	
独立思考能力	25	
创新能力	25	
对工匠与修行的理解程度	25	
教师点评：		

第五单元

家国情怀——匠心成就未来

【单元导读】

工匠精神是一种家国情怀，结合小工匠与大梦想，体现了技能强国和大国工匠的理念。小工匠追求卓越，精益求精，实现个体梦想。大梦想代表远大目标和追求，驱动工匠们积极探索创新，为国家和民族的梦想奋斗。工匠们的精湛技艺和专业知识为国家的繁荣创新奠定基础，他们通过提升技能助力国家发展和保持国际竞争力。在国家层面，大国工匠作为技术创新和质量保障的先锋，在重大工程和关键领域贡献力量，树立榜样。工匠精神的家国情怀表现为对祖国、民族的热爱和忠诚，具有工匠精神的人将个人成就与国家的荣誉紧密联系，始终将国家利益放在首位。在工匠精神引领下，小工匠与大梦想结合，技能强国与大国工匠相呼应，形成家国情怀的力量，激励工匠们追求卓越，为实现国家崛起和民族复兴努力奋斗。

【学习目标】

◎ 知识目标

（1）了解小工匠与大梦想的关系。

（2）了解国家富强与大国工匠的关系。

◎ 素质目标

（1）培养忠诚和坚韧的品质，不断克服困难，为实现梦想和为国家的发展贡献自己的力量。

（2）开放心态，勇于探索新领域、新技术和新方法，发现和创造新机会，培养创新和创造能力。

（3）通过团结协作，充分发挥个人和团队的力量，合力解决问题，推动工作和事业的良性发展。

（4）明确目标，通过不断自我反思和调整，坚持不懈地为实现个人和国家的梦想而努力奋斗。

【思政目标】

（1）热爱祖国和人民，始终把个人理想与家国情怀深度融合，在学习中培养高度的爱国主义情感。

（2）树立文化自信，弘扬中华民族优秀文化，不断丰富自己的知识，提高文化素养，为创新与创造提供源泉。

（3）勇挑重担，承担起时代赋予的责任，积极投身于工作和社会实践中，充分发挥个人作为“大国工匠”的担当和风范。

第一节　小工匠与大梦想

从一个门外汉，到学徒，再到工匠，最后成为大师级人物，这个晋升过程其实也是追逐梦想、实现梦想的过程。所以，工作不仅是我们的赚钱谋生之道，更应是我们追求目标和梦想、实现人生价值的舞台。

梦想是人生的一部分，有梦想的人生才是完整的人生。斯蒂芬·霍金曾说：“如果一个人没有梦想，无异于死掉。因为我有梦想，所以我活着！”梦想具有神奇的能力，一个人一旦有了梦想，即使前方艰难险阻，也无法阻挡他前进的脚步。

相信很多人在面对梦想的时候，都曾经想过要去尝试，但现实是残酷的，就像大浪淘沙。在现实面前，很多人退缩，于是就像沙子一样被海浪淘去了。人的一生说长也长，说短也短，关键是看你怎么样把握。总是不敢付诸行动，不给梦想一个机会，又怎么可能让梦想开花呢？

几十年前，刘军没能考上公费的高校，不得已告别了他最向往的美术专业，从老家张家口来到北京寻找工作机会。十几年的打工生涯，让他从一名普通的车间安装工成长为设计工程师，在平凡的岗位上创造了多项国家专利，被授予“全国劳动模范”称号。

刘军从小就喜欢画画，“我的老家在张北，那里的冬天雪窖冰天，窗户上总会结满冰花，我就用手指在窗户上作画。”一提起绘画，刘军的眼睛里便会绽放出光彩。刘军说，那个时候，他还特别爱拆东西，尤其喜爱机械类的物品，兴致来了，对家里的电器往往“见什么拆什么”。录音机、收音机都被他拆开来研究过，可是最让父母惊奇的是，无论电器的结构有多复杂，他都能重新组装好。

热爱绘画为他插上了想象的翅膀，喜欢手工让他养成了细致钻研的习惯，而这些都为他后来做产品设计和工艺改进工作打下了基础。

初入社会，刘军对未来感到茫然。他做过餐厅服务员，开过首饰加工店，还在电脑公司做过技术员，但这些工作始终没让他停下脚步，因为他还没有找到事业发展的方向，直到他进入某电气有限公司。

该电气公司是一家以生产、开发高、低压配电设备为主的民营企业，产品质量有着不错的口碑，但此类产品却因外观不美观一直备受客户诟病。刘军刚进入公司时是车间工艺员，接手的第一个产品就是配电箱装饰画。当时有人提议，将配电箱表面做成不锈钢的，像玻璃镜一样，用来照人；有人提议，改变配电箱的形状，做成椭圆形；还有人提议，通过热转印的方式，把花鸟、山水等图案印在配电箱外面。但这些提议依靠现有技术难以实现，刘军则提出了自己的想法，设计一种装饰附件，使用磁铁直接吸附在配电箱上。刘军的设计，既不改变现有产品结构，也不影响安全，而且改动小、投入低，得到了公司认可。他很快绘制出了一套图纸，为了将产品制作得精美考究，他亲自带着图纸到浙江义乌寻找合作伙伴，经过 3 次南下共 4 个月的攻关，一项全新的产品——配电箱装饰画诞生了，这让“傻大黑”的配电箱变得美观起来。该产品使用方便、价格低廉，可有效地解决家居配电箱装饰难的问题。刘军独创的“永磁安装板”更是获得了国家实用新型专利，使公司产品在创新和人性化设计理念方面均处于同行业领先水平。

刘军的才华帮助企业赢得了喝彩，企业的发展也给刘军的工作带来了更大的挑战。后来，公司成立新能源事业部，开始研发电动汽车充电桩，刘军负责其中的结构设计和工艺分解工作。

虽然在产品设计方面，刘军已经积累了不少工作经验，但电动汽车充电桩对他而言却是一个全新的领域。为了把工作做好，刘军不仅在上班时间跟同事们积极交流，展开头脑风暴，下班后也总是扎在一堆书籍、资料里，学习充电。有时晚上熄灯后，他就躺在床上琢磨设计方案，想到好的点子会立刻来个“鲤鱼打挺”，继续修改图纸到深夜。那段时间，连妻子都说他“入魔了”。“我们必须站在消费者的立场考虑问题，设计出来的产品要符合人体工程学。”刘军介绍说。比如，充电桩的高度、充电枪的位置要遵从人们的使用习惯，而且防护，尤其是防水方面，也要遵守国家标准规定。

现在，他们生产的充电桩的防护等级已达到国家最高标准，下雨天，汽车溅起来的水都不会对它造成影响。为了适应工作要求，刘军先后自修了CAD、3D等设计制图软件课程，并参加成人高考，完成了大专学历，获得高级电气工程师职称。

长期使用电脑画图，导致年仅39岁的刘军患上了白内障，工作时必须戴老花镜。刘军自己清楚，只有高中学历的他在北京工作了十几年，不努力学习、辛勤劳动是没有出路的。如今，他的目标就是与身边的同事共同努力，在绿色、低碳出行领域的研发岗位上尽一份自己的力量，这也是他最宏伟的梦。

（资料来源：央广网，原题为《农民工“发明家”刘军：勤能补拙铸良才》，有改动）

梦想是藏在心灵深处的最大的渴望，是成就事业的原动力，能激发一个人的巨大潜能。梦想是人的一种生活状态，它可以让一个人充满无限的激情，这种激情又可以让人创造出无法想象的奇迹。所以，我们无论何时都要有梦想。无论你的梦想有多遥远，只要你认识到它对你的重要性，每天为之而努力，你就会离它越来越近。即便有些梦想不能实现，它也会像一盏明灯指引着你的人生方向。

苏格拉底说：“世界上最快乐的事，莫过于为梦想而奋斗。”一个人只有背负明天的希望，在每一个痛并快乐的日子里，才能变得更加坚强；只有怀揣未来的梦想，在每一个平凡而不平淡的日子里，才会笑得更加灿烂。

周举，一位二十多岁的青年。此时，他身着蓝色工作装，左手拿着面罩，右手紧握焊枪，专注于焊接工作。在闪烁的弧光和飞溅的焊花映照下，他的眼神显得尤为刚毅。作为一冶钢构压力容器分公司的电焊工，他主要负责罐体构件的焊接工作。虽然焊接技术中高手众多，但周举凭借自己的倔强和拼劲，在短短两年内便在公司闯出了一片天地。

周举来自河南郑州，从小对焊接行业怀有浓厚兴趣。他视无用的边角铁料为宝藏，甚至觉得焊机发出的噪声如同一支美妙的交响乐。他从某技师学院焊接专业毕业后，加入某钢结构公司实习。真正接触焊接行业后，他深刻体会到其中的不易，但他并未退缩。在培训中心，他是最认真的学生，总是积极回答问题；在练习时，他总是最早到来，最晚离开；在宿舍里，他常常熄灯后依然举着小手电，躲在被子里看书。为了增强身体素质，他每天早起一小时，坚持做俯卧撑和举哑铃。

在师傅的带领下，周举经历了无数次的成功与失败，克服了各种技术难题。有时为了攻克一个难题，他会反复练习到深夜十二点，衣服缝了又补，双手被飞溅的焊花烫得伤痕累累。因表现出色，周举被公司推选为本市第二十一届职业技能大赛的参赛选手。在备战期间，他废寝忘食，每天平均练习 18 个小时。即使手掌磨出血泡甚至破皮出血，他也毫不退缩。最终，在比赛中，周举荣获第一名，成为名副其实的“焊接技术状元”。

周举坚信幸福是奋斗出来的。这个心怀大梦想的平凡小工匠，在宏伟的新时代里闪耀着光芒。他用一根根焊条、一道道弧光、一次次努力与奉献，在平凡的岗位上创造出不平凡的业绩。正如他曾在日记本扉页写下的那句话：“我要用一根根焊条，焊接出坚固和强大；我要用一道道弧光，闪烁出努力与奉献；我要在平凡的岗位，做不平凡的事，造就不平凡的自己。”

（资料来源：网易《武汉市技能大赛，焊工比武状元周举，说说他的平凡故事》，有改动）

梦想是促使一个人成功的最佳动力，拥有梦想的人一定势不可当。正如威尔逊所说的：“我们因梦想而伟大，所有的成功者都是大梦想家。在冬夜的火堆旁，在阴天的雨雾中，梦想着未来。有些人让梦想悄然绝灭，有些人则细心培育，直到它安然度过困境，迎来光明和希望。而光明和希望总是降临在那些真心相信梦想一定会成真的人身上。”

梦想是一种追求，一种对未来生活的美好向往。正是基于这种追求和向往，人们前赴后继，努力奋斗，并将梦想变成了现实。所以，梦想再遥远，也不要轻言放弃。只要肯迈出实现梦想的第一步，点燃梦想只在你一念之间。这样，你与梦想之间的距离就会越来越短。

小工匠也可以有大梦想。小工匠为了实现梦想而坚守平凡、刻苦钻研、不计得失、争创佳绩，是对新时代工匠精神的最好诠释。

阅读思考

1. 梦想在一个人的生命中有什么作用？
2. 你的梦想是什么？请为你的梦想制订一个实现的计划。
3. “个人梦”与“中国梦”之间有什么关系？

第二节　技能强国

没有国家的富强，就没有人民的幸福、社会的安康，而国家的富强需要每一位劳动者兢兢业业地工作、踏踏实实地劳动。作为劳动者的杰出代表，大国工匠在各自的岗位上，用诚实的劳动、精湛的技艺、不懈的进取，为国家的富强、民族的复兴默默工作着。他们贡献力量、创造价值，用辉煌的业绩谱写了一曲又一曲技能报国的动人赞歌。

大推力的航空喷气发动机是一个国家空军实力的根本保证，更是一个国家工业综合实力的集中体现。航空喷气发动机要承受足以熔化钢铁的高温，产生能够令数十吨重的“战鹰”瞬间加速的推力，我国也是在近几年才刚刚实现这种发动机的国产化。而要打造这样一台强劲的发动机，需要装配工人把几万个零件组装在一起，重达数吨的发动机，装配精度堪比不到100克重的机械表芯。某发动机公司的李志强，就是我国航空发动机装配领域的优秀技师。

李志强在发动机装配岗位上一干就是33年，经历了我国航空发动机的两次跨代发展，由他安装的航空发动机达上百台。李志强说：“刚进厂的时候，一看到发动机是有些不安的，担心这么复杂的工作自己不能胜任。但现在，整个发动机的工装原理图和工艺规程都装在脑子里了，因为装配的时候，不可能临时去翻图纸。飞机装配的要求太高了，就拿一颗最简单的螺钉而言，既不能拧紧，也不能拧松。拧紧了，超过它的疲劳强度，在飞行中可能就会振折或者脱落；拧松了，固定的零件会松动，容易出现机毁人亡的事故。像我们这样常年从事装配工作，积累的经验就是拧多大劲儿，就到那个角度。”这里面的奥秘，用语言很难表达，得靠自己去领悟。每个装配工在师傅的指导下做个一两年，只能叫“能装配”；要达到“会装配”，怎么也得做十几年以上。所以，培养一个发动机装配工，不亚于培养一名飞行员。令他欣慰的是，班组里的所有员工现在都能独立地装配完整的发动机了。发动机有许多特殊部位的螺钉、螺母，用普通扳手很难保证装配精度，李志强就设计了40余款特制工具，有的一颗螺钉就专门设计一个工具。

一个人、一个班组连续装配，人的精神和身体都承受不了，也满足不了装配的精度要求。倒班操作，在业内没有先例，就好像脑外科手术，手术做到一半，不可能换个主刀医生。有人支持，有人反对。通过不断完善工艺规程和操作规范，李志强所在班组实现了三人一组倒班接力作业，在保证质量的前提下提高了效率。

李志强最有成就感的时刻就是观看阅兵，当看到我国自主研发制造的歼击机编队飞过天安门广场上空时，想到为这些飞机提供强大动力的是自己装配出来的发动机，他就感到无限的光荣和骄傲。

李志强以及“李志强班”全体员工献身于国家的航空发动机事业，将“打造最强劲的中国动力”作为追求，将“激情进取，志在超越”的情怀和业绩写入新中国航空事业的光辉史册。

（资料来源：《沈阳日报》，有改动）

李志强和他的团队，用匠心打造出我国歼-10战斗机强大的“中国心脏”。而华为公司通过不断研发和创新，实现了从本土企业向全球科技巨头的跨越。其国际化进程不仅提升了自身的技术能力，也促进了全球数字经济的发展。在品质和创新方面，华为始终坚守工匠精神，精益求精，追求卓越，为全球消费者提供了优质的产品和服务。

技术创新对于一个企业的国际化非常重要，但不等于说只有在完成技术创新之后才进行国际化。完全掌握了核心技术，再进行国际化，这是一种过于理想化的模式。国际化的过程本身就是提高企业技术能力的过程，在“战争中学习战争”也是一种相机而动的思维。所以在1996年，华为就尝试走出国门，让国际竞争来促进和提升自身的技术创新。

在产品研发上，华为以客户需求为导向，以客户需求驱动研发流程，在提升客户价值的前提下，进行技术、产品、解决方案及业务管理的持续创新，快速响应客户需求。2021 年，华为研发费用支出为人民币 1427 亿元，约占全年收入的 22.4%。过去十年，华为在研发领域累计投资超过人民币 8450 亿元，近几年，每年在基础研究上的投资超过人民币 200 亿元。

华为云工业互联网创新中心，是华为云旗下的一个重要实验室，旨在推动工业互联网领域的创新与发展。它不仅是华为云对外服务的一部分，同时也承担着引领行业发展、探索新技术应用和解决方案的使命。华为云工业互联网创新中心以打造智能工业互联网的未来为目标，通过技术创新、行业合作和生态合作，促进企业数字化转型，推动行业更新与进步。

数字经济时代，数字人才是助力数字化转型、推动经济增长的关键。华为助力各国构建数字人才生态，持续推进 TECH4ALL 数字包容倡议，实现技术普惠，让人人享受数字生活的便利，促进数字经济的发展。从 2008 年开始，华为发起“未来种子”项目，陆续推出和赞助了各类人才培养、竞赛等项目，包括未来种子奖学金、ICT 学院、开发者学院、云开发者学堂等，致力于支持业务所在国培养 ICT 人才，累计投入超过 1.5 亿美元，覆盖 150 多个国家，受益人数超过 154 万人。2021 年，华为发布了“未来种子 2.0”计划，承诺在未来五年投入 1.5 亿美元用于数字化人才培养，新增受益人数预计将超过 300 万人。

同时，华为持续开放合作，积极融入全球学术组织，加强与全球高校、科研机构开展合作。通过与科学家碰撞、分享难题与知识，共同应对世界级的挑战和难题，促进科技进步。过去几年，华为在北京、上海、深圳等地建立了“黄大年茶思屋”和“九章院”。华为董事长梁华表示，希望通过提供宽松、宁静的创新环境，让科学家们心无旁骛、潜心研究，真正面向未来、开创未来，为人类社会发展做贡献。

此外，华为一直把产品质量放在首位，对产品的每一个模具、每一款设计、每一个零件、每一道工序、每一个细节都精心打磨、专心雕琢。在品质中寻求创新，在创新中做出精品。正是这种凝神专一、不断求新的工匠精神，使华为手机在短短几年内得以誉满天下，畅销全球，跻身全球手机行业前三强。

华为的成功经验表明，只有不断创新和开放合作，才能实现技能强国，推动经济社会的持续发展。

历史和国际经验表明，无论是抢占科技革命和产业革命的先机、提高经济发展的质量和效益，还是让改革成果惠及全体人民、增强人民群众的获得感，都需要重视技能人才，这是国家的需求，也是时代的呼唤。

我国要成为一个技能强国，需要许许多多杰出的工匠，要打造一支技能人才后备军，几千万正在职业技术院校就读的同学们正是这样一支成长中的生力军。今天，他们带着梦想走在通向大国工匠的路途上，是为了明天能够成为“中国制造”走向“中国创造”的攻坚者。对此，国家和人民都对他们寄予厚望，充满期待。

阅读思考

1. 中国制造能让高铁飞驰、“蛟龙”入海、“玉兔”登月，中国技工能在世界技能大赛中夺金摘银，为什么还会出现国人在海外疯抢马桶盖的画面？对此，你有什么看法？

2. 作为中职生，如何在学习生活中培养技能，为增强国家的制造力做贡献？

第三节　大国工匠

央视播出的纪录片《大国工匠》，片首语内容如下：“他们耐心专注，咫尺匠心，诠释极致追求；他们锲而不舍，身体力行，传承匠人精神；他们千锤百炼，精益求精，打磨中国制造。他们是劳动者，一念执着，一生坚守。”这既是在称赞片中的伟大人物，也是在新千年到来之后，在经济全球化的大背景下，对中国当代工匠为了民族复兴伟业而努力进行了恰到好处的表述。

作为中国高铁的一张世界名片——CRH380A 型列车，曾以世界最快的速度在京沪高铁进行试运行。很多人不知道的是，宁允展对于打造这张名片至关重要，因为他是高铁首席研磨师。

CRH380A 型列车在京沪高铁试运行时，最高时速高达 486.1 千米，这个速度前所未有，创造了高铁列车试验运营速度的世界之最。假如说，高铁列车是一名长跑运动员，那么转向架就是腿，车轮就是脚，而宁允展研磨的定位臂就相当于连接脚和腿的脚踝。

每片转向架重达1.1吨，定位臂分布在四个车轮的节点上，与每个节点的接触面很小，不足10平方厘米。当列车以高达300千米的时速飞速前进时，小小的接触面要承受二三十吨的冲击力。缝隙过大，车轮也许会出现松脱；彻底焊死，转向架就不能打开，列车检修无法进行。

不仅仅在中国，哪怕放眼全世界的高铁生产线，宁允展负责的这道工序也都只能依靠手工研磨完成。根据国际标准，只有0.05毫米的研磨空隙，这大概是一根头发丝的直径，宁允展就在这和头发丝差不多大小的空间里施展一身绝技。

磨小了，转向架无法正常下落；磨大了，就要废掉价值十几万元的主板。宁允展的同事们说："宁允展的绝活就绝在这里，他就像一位技术精湛的绣花师傅，能把切口表面若隐若现的竖线织成一张纹路非常细腻、摩擦力也特别强的网。如果空隙是0.1毫米，国内也许能找出十几个人干这活儿。但到了0.05毫米，除了他之外，根本没人能干。"

宁允展的手如同魔术师一样神奇，他的好基因来自父亲。在老家，他的父亲是铁匠，所以宁允展从小就与父亲走街串巷，帮助乡亲们打磨家具。正是那时，他深深地爱上了这门手艺。

读完初中，宁允展顺利考取铁路技术学校。出乎意料的是，2006年，他从上万名选手中脱颖而出，成为首位荣幸地学习CRH380A型列车转向架研磨技术的中国人。宁允展对于技术掌握熟练，连日本专家都对他手头上的精准赞不绝口。

经过勤学苦练，宁允展成为高铁研磨首屈一指的人物，还当上了班长。但是，他很快就找到领导，主动申请辞掉班长的职务。"我还是想干活。"他说，他不喜欢管理工作，更愿意从事技术工作。

随着CRH380A型列车成功实现高速行驶，宁允展也开始参与生产更高速的列车。在生产过程中，他积极努力，不断创新，总计获得了5项国家技术专利。宁允展说："工匠就是要脚踏实地地做好手里的工作，这才是根本。我不是完美的人，要使我的产品完美，我就必须兢兢业业地对待手头的工作，这样才有可能实现这一点。"

宁允展的双手非常灵活，可以在0.05毫米间打磨列车的脚踝。相比之下，28岁的姚智慧同样有着一双灵巧的手，在为列车搭建千丝万缕的“神经系统”时，她从无差错。

姚智慧主要负责把高铁列车里如同蜘蛛网般的电线连接起来，这就像是为列车搭建神经系统。只有具备神经系统，列车才能正常工作，传输动力，及时传递信号，自主检测运行状态。通常情况下，一列动车有88种线型，线的数量达到19726根，接线点更是多达10万个。在普通人眼中，也许这些电线毫无差别，但是在姚智慧眼中，这些电线的区别就在于每根线上由数字和字母组合而成的号码。姚智慧对于这些号码记得非常熟练，每天都要连接两三百根线。我们不难想象，一个人在一天时间里几百次地重复同一个动作，是多么枯燥乏味。偏偏这项工作要求特别用心，否则，哪怕是1毫米的小小误差，小则影响音响照明，大则使列车制动失去灵活性，引发难以想象的严重后果。姚智慧说：“不能有1毫米的误差，必须严格根据工艺文件的要求去做，确保准确无误。”姚智慧和她班组里的同事，经常为了一根线反复确认多次，有的时候甚至反复确认十几次。接线完成之后，姚智慧就把自己的记名签挂在机车上。在退役之前，这辆机车会始终带着姚智慧的记名签不停地奔驰。

和美轮美奂的青铜器、造福世世代代的都江堰以及推动世界文明发展的造纸术、印刷术相比，也许宁允展、姚智慧的工作并无特别值得赞许的地方。然而，即使在信

息化和工业化高度发展的今天，他们的工作也是机器无法取代的。他们凭借高超的技术和优秀的职业素养为国家的发展贡献力量。他们踏实认真、不断创新、追求完美的工作态度，体现了大国工匠的风采。

大国工匠对于提升产品品质、解决生产难题至关重要，也能肩负起从“中国制造”走向“中国创造”的重任。

要让“中国制造”变成品质的象征，就需要很多杰出的大国工匠，这样才能让工匠精神发扬光大，为民族工业铸造灵魂。宁允展得到了父亲的真传，姚智慧受益于现代职业教育，他们一起为高铁列车奋斗，中国高铁才能成为中国的“国际名片”。正如央视《大国工匠》中所说：“如果每件中国制造的背后，都有这样一位追求极致完美的工匠，中国制造就能够跨过‘品质’这道门槛，跃升为‘优质制造’，让更多的中国产品在全球市场上释放更加耀眼的光芒。”

水轮机装配特级技师崔兴国，作为国内水电行业知名的大型水轮机装配试验专家，在过去三十余年的水电一线工作中，积极投身于国内外重大水电工程装配试验任务，包括国内的白鹤滩、三峡、溪洛渡、深蓄、葛洲坝等，以及“一带一路”项目中的柬埔寨桑河、巴基斯坦卡洛特、南美巴西杰瑞等。在这些国家级重大水电工程中，他参与并见证了中国水电技术从跟跑到并跑，再到领跑的跨越式发展。

崔兴国自从技校毕业后，便以学徒身份进入电机厂房，开始了他的水电事业。面对陌生的领域和复杂的零部件，他并未退缩，而是积极学习，多问多学，逐渐提升了自己的知识和技能。经过多年的实践摸索，他习得了一身精湛的装配技术，并在解决问题中找到了乐趣，获得了更多的历练机遇。

作为全国技术能手、全国机械工业质量模范、四川工匠，崔兴国不仅手握 7 项国家实用新型专利和 2 项发明专利，还多次被评为“大国工匠年度人物”。他对自己的技艺和匠心传承充满热情，并深感生逢国家水电大发展时期的幸运。未来，他将继续致力于水电技术的创新与发展，为中国水电事业的繁荣贡献自己的力量。

白鹤滩机组象征着水电装备制造的巅峰水平。为了确保转轮静平衡任务的成功，实现转轮静平衡试验的“零残余”目标，崔兴国采用了精准导向工装和扶正调整技术，攻克了众多技术难题。在“零配重”的基础上，白鹤滩巨型转轮成功达到了“零残余”目标，各项参数指标均超越了精品标准，引领全球巨型水电进入了摆度“个位数”的新时代。

"学习、实践、创新，技术工人的成长离不开这三个阶段的积累与提升。"崔兴国回顾自己的成长历程时表示，第一个十年，他在师傅的指导下，通过实际操作不断积累技能和知识；第二个十年，他开始在改进产品实现方式和新工具的应用中提升产品制造效率。

"如今，我更加关注的是如何完善制造体系，让产品更加智能化。"崔兴国强调，"人和产品一样，都需要不断地改进和完善。"他始终坚信，"创新永无止境，我们始终在不断尝试。虽然过程中可能会遇到挫折，但只要我们坚持不懈，总会越做越好。"

水轮机组的核心部件包括转轮、导水机构和阀门等。为确保水轮机转轮的平稳运行，必须实现转轮平衡偏差的最小化。平衡底座要实现"零偏差"，同时确保转轮与平衡工具的中心实现"零偏差"，以确保转轮平衡的可重复性，将不平衡力矩降至最低，最终实现转轮静平衡的"零残余"状态。

在崔兴国及其团队的共同努力下，白鹤滩工地现场完成了全球首台百万千瓦级水电机组精品转轮的最后一道工序。面对最初的不配重转轮平衡目标，团队成员们倍感压力，"这是一个前所未有的挑战，几乎不可能实现，但我们只能全力以赴。"

在白鹤滩转轮静平衡试验中，该转轮重达350多吨，直径达8.6米。崔兴国带领团队制定了严苛的精品指标——残余不平衡力矩必须小于50kg·m，这仅为设计允许偏差的六分之一。经过团队三天三夜的艰苦努力，最终实现了不平衡力矩仅为20kg · m的目标，圆满完成了任务。

"当时激动的场面至今仍历历在目，有些同事甚至流下了激动的泪水。"崔兴国感慨道，"能参与这些举世瞩目的工程，对于我们水机人而言，是一生的荣耀。"

他进一步强调："大国工匠的荣誉不仅源于个人技艺的精湛，更在于对行业发展的敏锐洞察、对创新创造的坚定信念以及对年轻后辈的关爱与帮助。"在离散型装备制造企业中，技能人才是不可或缺的生产要素。崔兴国将继续发挥引领作用，培养更多青年工人成为水电事业发展的中坚力量。

（资料来源：人民网《"信任是一种生产力，要多给年轻人机会"》，有改动）

上海市总工会于2016年1月开始，正式实施"上海工匠"培养选树计划。自2016年起，号召各个行业每年培养100名工匠，到2025年拥有上千名"上海工匠"，从而推动科技创新发展。上海市总工会声明，“上海工匠”计划主要集中在先进制造业、新兴产业等，把基层和一线操作岗位职工群体作为主体，不受任何诸如学历、年龄等的限制。“上海工匠”的培养选拔标准如下所述。

具有工艺专长。在从事的职业和岗位上，拥有一技之长，经验丰富，理论扎实，在实施技术或者工艺等方面无可取代。

掌握高超技能。在单位、行业以及领域内，具备先进的技能、技艺，在上海和全国范围内都处于一流水平，并且具备知名度和社会影响力。

体现领军作用。善解疑难问题，不怕困难，发挥自身的技能、技艺带领团队解决问题，有所成就。热心教授徒弟，积极参与“高师带徒”等活动，乐于向年轻职工传授经验、普及知识、传承精神，与他们一起成长。

做出突出贡献。在单位、行业或者系统内有所贡献，成绩显著，在新技术、新产业、新业态、新“四新”经济领域中作为领军人物，有杰出贡献的。

作为我国现代工业化、信息化水平最高的一个地区，上海至关重要。在20世纪90年代以前，大多数家庭梦寐以求的凤凰牌自行车、上海牌手表和蝴蝶牌缝纫机，全都出自上海。在那个年代，“上海制造”是非常典型的象征，上海工匠更是被称为“老师傅”“工人老大哥”。如今，中国从“制造大国”向着“制造强国”转型，“上海工匠”也有了时代赋予的新意义。它不但是独属于工匠大师的特殊荣誉，也是每一个脚踏实地、追求完美的劳动者“精于工、匠于心、品于行”的不懈追求。在这个了不起的时代，全中国每个行业的技术技能人才，都在演绎着全新的工匠之道，这个工匠之道是超越时代的，也是崭新的。

知识拓展

中国制造2025

2015年5月，国务院印发《中国制造2025》，部署全面推进实施制造强国战略。这是我国实施制造强国战略第一个十年的行动纲领。

从制造业大国向制造业强国转变，既是愿景，更是现实发展的迫切需要。当前，发达国家纷纷制定以重振制造业为核心的再工业化战略，促使高端制造回流。与此同时，中低收入国家依靠资源、劳动力等优势，以更低成本承接劳动密集型制造业的转移，对我国形成“双向挤压”的严峻挑战。

《中国制造2025》提出，坚持“创新驱动、质量为先、绿色发展、结构优化、人才为本”的基本方针，坚持“市场主导、政府引导，立足当前、着眼长远，整体推进、重点突破，自主发展、开放合作”的基本原则，通过“三步走”实现制造强国的战略目标。第一步，到 2025 年迈入制造强国行列；第二步，到 2035 年我国制造业整体达到世界制造强国阵营中等水平；第三步，到新中国成立一百年时，我国制造业大国地位更加巩固，综合实力进入世界制造强国前列。

围绕实现制造强国的战略目标，《中国制造 2025》明确了 9 项战略任务和重点。一是提高国家制造业创新能力；二是推进信息化与工业化深度融合；三是强化工业基础能力；四是加强质量品牌建设；五是全面推行绿色制造；六是大力推动重点领域突破发展，聚焦新一代信息技术产业、高档数控机床和机器人、航空航天装备、海洋工程装备及高技术船舶、先进轨道交通装备、节能与新能源汽车、电力装备、农机装备、新材料、生物医药及高性能医疗器械等十大重点领域；七是深入推进制造业结构调整；八是积极发展服务型制造和生产性服务业；九是提高制造业国际化发展水平。

《中国制造 2025》明确，通过政府引导、整合资源，实施国家制造业创新中心建设、智能制造、工业强基、绿色制造、高端装备创新等五项重大工程，实现长期制约制造业发展的关键共性技术突破，提升我国制造业的整体竞争力。

为确保完成目标任务，《中国制造 2025》还提出了深化体制机制改革、营造公平竞争市场环境、完善金融扶持政策、加大财税政策支持力度、健全多层次人才培养体系、完善中小微企业政策、进一步扩大制造业对外开放、健全组织实施机制等 8 个方面的战略支撑和保障。

阅读思考

1. 必须具备哪些素质，才能成为大国工匠？

2. 目前，我国正在由制造业大国转型成为制造业强国，作为中职生的你，有哪些机会？又面临哪些挑战？

任务实践

学习完本项目的内容后，认真完成表 5-1 的实践清单。

表 5-1　实践清单

传承大国工匠精神，践行家国情怀实践	
实践任务	选择某一行业或领域，组织开展相关实践活动，弘扬大国工匠精神和家国情怀。
实践目标	（1）树立“追求卓越、不断创新”的精神和专业素养，注重工匠精神，追求卓越的品质。 （2）弘扬热爱祖国的情怀，树立国家利益高于一切的观念，创造更多的经济效益，服务社会。 （3）通过实践活动，提高职业水平和素养，提高工作效率和品质。
实践步骤	（1）选择特定的行业或领域。 选择社会关注度高的行业或领域，如教育、医疗、IT 等领域。 （2）确定实践项目。 根据所选领域和目标，确定实践项目，制订实践计划，明确任务分工、目标和时间节点等。 （3）实施实践项目。 根据实践计划执行任务，注重细节和工匠精神，追求卓越的品质和体验。弘扬家国情怀，树立责任心。 （4）总结回顾。 在实践项目结束后，开展总结和回顾，总结实践经验和教训，体会合作和团队精神。
实践提示	（1）通过实践活动，培育热爱祖国的情感和责任感，增强国家意识和家国情怀。 （2）注重细节和品质，强调工匠精神，通过实践活动提高专业品质和水平。 （3）与团队成员保持良好的沟通，建立合作关系，鼓励团队成员积极参与并发挥各自专长。
实践总结	

实践评价

完成以上实践后，认真完成表 5-2 的实践评价。

表 5-2　实践评价

评价内容	分值	得分
参与实践的积极性、主动性	25	
独立思考能力	25	
创新能力	25	
对技能强国的工匠精神的理解程度	25	
教师点评：		

参考文献

[1] 路美平，丁燕燕 . 中职生工匠精神教育读本 [M]. 成都：四川科学技术出版社，2019.

[2] 朱厚望，刘阳，杨虹 . 职业教育系统培育工匠精神研究 [M]. 北京：电子工业出版社，2020.

[3] 郭纪斌 . 职业教育工匠精神的传承与创新 [M]. 湘潭：湘潭大学出版社，2022.

[4] 姜正国 . 劳动教育与工匠精神教程 [M]. 北京：北京理工大学出版社，2021.

[5] 胡林 . 工匠精神与职业教育 [M]. 沈阳：辽海出版社，2020.

[6] 晏萍，郑宇钧 . 行走中的工匠精神 [M]. 上海：上海交通大学出版社，2023.

[7] 梁丽华，郑芝玲，赵效萍 . 新时代技术技能人才工匠精神培育研究 [M]. 杭州：浙江大学出版社，2021.

[8] 邓璘 . 高职学生教育与工匠精神培养探索 [M]. 合肥：合肥工业大学出版社，2022.

[9] 乔东，李海燕 . 劳模精神 劳动精神 工匠精神学习读本 [M]. 北京：中国工人出版社，2021.

[10] 亓妍 . 工匠精神 [M]. 延吉：延边大学出版社，2022.